获太阳之指引，得太阳之启示，受太阳之普惠。

太阳照顾，众生谦卑。

从立春到大寒是一年，从大寒到立春只一瞬。

人 行 山 日 水

——甲骨文"字"画

大氣磅礴

漁樵耕讀節氣裏

蕩氣迴腸

圍城蝸居天氣中

辛卯年九月三日□書

江南节气文化随笔

跟着太阳走一年

FOLLOW THE SUN IN 24 SOLAR TERMS

三耳秀才 著

浙江科学技术出版社

图书在版编目(CIP)数据

跟着太阳走一年 / 三耳秀才著. -- 杭州 : 浙江科
学技术出版社, 2017.7
ISBN 978-7-5341-7790-3

Ⅰ. ①跟… Ⅱ. ①三… Ⅲ. ①二十四节气—普及读物
Ⅳ. ①P462-49

中国版本图书馆CIP数据核字(2017)第160409号

书 名	跟着太阳走一年
著 者	三耳秀才
摄 影	张国忠　王薇薇　王崇均　石佳朦　陈黎明

出版发行　浙江科学技术出版社

杭州市体育场路347号　　邮政编码：310006

办公室电话：0571-85176593

销售部电话：0571-85062597　85058048

网　址：zjkjcbs.tmall.com

E-mail：zkpress@zkpress.com

排 版	宁波笛墨文化
印 刷	宁波市大港印务有限公司

开 本	787×1092　1 / 16	印 张	12.75
字 数	200 000	印 数	0001-7000册
版 次	2017年7月第1版	印 次	2017年7月第1次印刷
书 号	ISBN 978-7-5341-7790-3	定 价	38.00元

责任编辑	卢晓梅	责任校对	刘　燕
责任美编	金　晖	责任印务	田　文

这一切都发生在节气里

三耳秀才

所有的故事以及所有的事故，都发生在时间里。那，什么是时间？或者说，没有手表没有闹钟，如何识别时间以及衡量时间？杨柳又绿黄河岸……北风那个吹，雪花那个飘……古人看到这些新奇，就看见了时间吗？

自从有了冬至、夏至，有了更多的节气，并回旋往复，某种程度上讲，中国人这才看见了中国时间，这才看见光阴是如何行走的，这才看见岁月的轮回，这才看见过去和现在，并前瞻未来……

这一切都是中国大地上的事情，这一切，都发生在节气里。于我，从书堆里、从大自然中，一一看见，且慢慢领悟，再付诸笔端，又付诸责编，这便有了《跟着太阳走一年》。

一本书一个命。跟着太阳走，《跟着太阳走一年》这本书的命，在时光中，渐次显露出来。

最早，是2011年12月，《跟着太阳走一年》出了第一版，自觉不错。呵呵！也有机构认为不错。2013年，国家图书馆、《中国文化报》、新浪网等单位主办"书香未来"活动，这本书跟着走，"跟"进了"适合少年儿童阅读的100本好书"名单。

到了2015年，我在微信中自夸自荐：龟兔赛跑时，兔子头脑里旋转着得意，大家都知道，乌龟慢腾腾，乌龟他想了些什么？也许他是这样想的：有脚就得爬，这是应该的；说深点，这是命；再拔高，这是使命。《跟着太阳走一年》，本来想当跳着跑、跑着跳的兔子，不承想，却是一只笨乌龟。这本书，自出版以来，不温不火，走到2015年的春天，经人工"催化"，加新腰封"过去的人生活在节气中，现在的人生活在天气中"，以新面目重印再入市。因新的机缘，《跟着太阳走一年》多次登上当当网非虚构图书榜（地球科学）。非虚构图书榜，虽是一个小榜，可是久在榜上，也真心不容易。

对于作者来说，一本书就是一个孩。宝宝降临，我满心欢喜；幼小之时，我小心呵护，百般照顾。但人生路长，终究得孩儿自己走，他有他的命，他有他的使命。——很显然，我的文字皆感慨！感慨时光，也感慨这本书，不是流星，不是一次性用品。它坚韧、强劲，有一条长长的生命线。往前走，这不，这本书升级、出新版了。更新封面附加新词，词曰："用自己的听觉、视觉和触觉，来阐释第五大发明的意义吧！"我高兴，极像独生子女家庭落实二孩政策，有了二宝。

从立春到大寒是一年，从大寒到立春只一瞬。光阴流转之中，常有朋友向我发问：你怎么总是盯住节气不放？追问让我激灵，于是我认真归纳起来：对天地大美的欣赏和思量；对春秋四时的敬畏和顺从；对流逝光阴的领悟和把握；对自我生命的认定和热爱——这，可算中国节气的多重意义，或者我挖掘节气文化、写作"中国年轮"节气书系列的四条理由吧！

说我自己，兼说一本书的命。权以为新版自序。

2016年1月18日晨于江南一品五更涵

2016年10月29日再改，2017年2月20日定稿于五更涵

节气的“绝书”

盛子潮

我知道这不是一本介绍节气知识的科普读物，但还是上网恶补了一下有关节气的知识。徜徉在二十四节气诗意的河床，感受着中国民俗浓郁的文化气息，我陶醉了。

于是，我开始读韩光智的书稿——江南节气文化随笔《跟着太阳走一年》。

武断地推论，对大多数生活在城镇里的人来说，节气只是日历上的一个标签，最多与气候有关；更武断地猜测，更多的人，报不全二十四个节气名，虽然有那么多传唱久远、朗朗上口的节气歌。但节气之于韩光智，却与生活有关，与情感有关，与哲学思索有关，应该说，这是作者对节气的一个发现——文学意义上的发现。

比如立春，因为这个特殊的日子，作者会想到重看一遍电影《立春》，再次体悟到立志与励志的区别；比如惊蛰，没有听到春雷，但恰逢生了一场小病，从《黄帝内经》有关惊蛰养生的记载，明白了“小病恰似春雷——也一样可以惊醒人啦";谷雨日去朋友家吃饭,不拎其他礼物,只带去作者自己的两本作品集,因为谷雨日是古人祭祀仓颉的日子;而立秋,却被作者自说自话定义为最宜发呆的日子……

这部文化随笔集最大的特点是"杂",或者说书的结构形态是"树状结构",作为主干部分是节气随笔,旁枝逸枝有以江南节气为主题的风情摄影和插图,以及简要的节气知识介绍,即使在作为主干的节气随笔中,也经常穿插一些有关节气的农谚、习俗,古人今人乃至作者自己的诗词曲赋,甚至报刊文摘,但这几乎并不影响我们的阅读期待,读韩光智有关节气的文化随笔,在大多数篇什中,我们读到的是一个亲历者的声音。

比如,读《清明清明,我们为什么一年需要一个清明节》,我们知道清明节不仅仅只存在于杜牧那首凄美的诗里,更藏在要急急忙忙赶回老家河南,供奉已在另一个世界的亲人的作者心里;读《白露:不着意时最惬意》,耐心听作者一番煞有介事的分析,也许你也会认可作者的武断:白露是二十四节气中最好的节气。就我个人而言,我还喜欢《小寒:说冷说对称说天道》开篇的意境:

今天(2011年1月6日)早上叫我家少爷起来读书,我陪读时,隐约觉得窗外有异,一凝神,发现一块地上很白,莫非下雪了?仔细一看,真是的。江南今年很来了几场雪。不管几场雪,在江南,有雪就是欢喜。我马上叫少爷看。少爷看了说,屋顶上全白了。

这意境让我想起和节气有关的名联。传说明代一位学人,夜宿天台山茅屋,次日晨起,见茅屋一片白雪,于是口占一上联"昨夜大寒,霜降茅屋如小雪",联中嵌有三个节气名(大寒、霜降、小雪),一时成为绝对,一百多年后,才由一位浙江才子对出下联:"今朝惊蛰,春分时雨到清明",一样三个节气名(惊蛰、春分、清明),对得十分工整。

韩光智的江南节气文化随笔《跟着太阳走一年》会不会成为有关节气文化随笔的一本"绝书"？我想，只有时间才能证明。

是为序。

盛子潮

2011.3.8

盛子潮（1957-2013）　浙江杭州人。1982年毕业于浙江师范大学中文系，本科；1985年又毕业于厦门大学中文系现当代文学专业，研究生。生前任浙江文学院院长。1974年开始发表作品，1995年加入中国作家协会，文学创作一级。著有《诗歌形态美学》《小说形态学》《诗和小说的艺术阐释》等专著，主编《吴越风情小说书系》《浙江跨世纪文丛》《世界文豪轶事大观》《新实验小说选》等丛书。

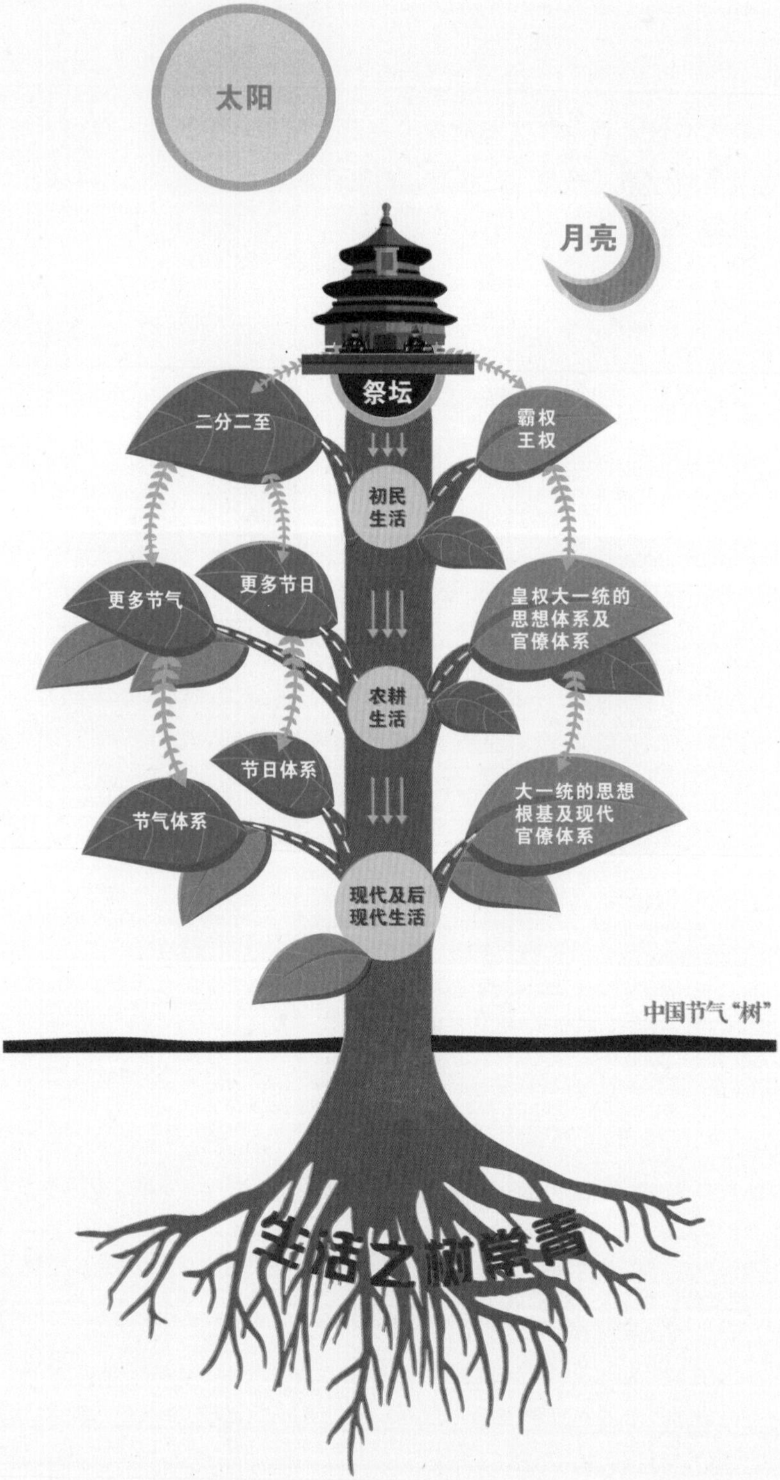
太阳
月亮
祭坛
二分二至
霸权
王权
初民
生活
更多节气
更多节日
皇权大一统的
思想体系及
官僚体系
农耕
生活
节日体系
节气体系
大一统的思想
根基及现代
官僚体系
现代及后
现代生活
生活之树常青

中国节气“树”

一切都是因为您，太阳呀！仅仅因为您的远和近，我们，被您牵引，从一个节气走向另一个节气。

对中国农村农人来说，节气，是一年当中二十四个自然的农事律令。

对中国城市市民来说，节气，是阴阳变化乾坤大转移中的一股暗暗流动的底气。

体会、领受她们吧！以静静的、安详的、敬畏的姿态。

我来自农村，我在城里活着，我不知我是农人还是市民，但我知道一份敬畏在我的文字里。

第五大发明，在联合国教科文组织《人类非物质文化遗产代表作名录》中的名称为：二十四节气——中国人通过观察太阳周年运动而形成的时间知识体系及其实践。

用自己的听觉、视觉和触觉来阐述第五大发明的意义吧！

但，不能仅仅止于此。伟人毛泽东说过：感觉到了的东西，我们不能立刻理解，只有理解了的东西才能更深刻地感觉它。

感觉，理解，再感觉，再理解……跟着太阳走一年，又一年……节气，时间知识体系。

——作者题记

目 录
Contents

春
SPRING

夏
SUMMER

AUTUMN

冬
WINTER

摄影：王薇薇

 立春　雨水　惊蛰　春分　清明　谷雨

春
SPRING

春神·句芒

句芒（或名句龙），中国古代神话中的木神（春神），主管树木的发芽生长；少昊的后代，名重，为伏羲臣。

太阳每天早上从扶桑上升起，神树扶桑归句芒管，太阳升起的那片地方也归句芒管。

句芒在古代非常重要，每年春祭都有份。他的本来面目是鸟——鸟身人面，乘两龙，后来竟一点影响也没有了。不过我们可以在祭祀仪式和年画中见到他：他变成了春天骑牛的牧童，头有双髻，手执柳鞭，亦称芒童。

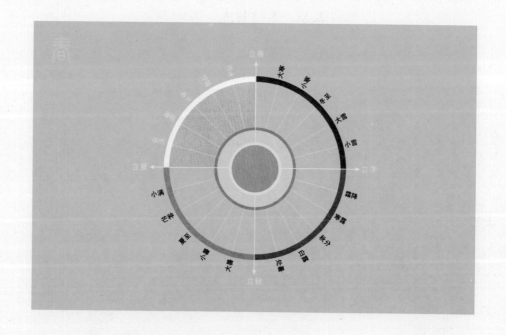

春·六个节气简要说明

立春：2月4日或5日，春季开始。立是开始的意思，春是蠢动，表示万物开始有生气。

雨水：2月19日前后，此时冬去春来，气温开始回升，空气湿度不断增大，降雨开始增多，春雨绵绵，但冷空气活动仍十分频繁。

惊蛰：3月5日或6日，虫类冬眠或隐藏起来，伏着不动，叫作蛰。惊蛰指的是冬天蛰伏土中的冬眠生物开始活动。惊蛰前后乍寒乍暖，气温和风的变化都较大。

春分：3月20日或21日，春季过了一半，此时阳光直射赤道上，这一天太阳从正东方升起，落于正西方，地球上南北半球受光相等，昼夜长短相等，古代曾称春分与秋分为昼夜分。我国广大地区越冬作物将进入春季生长阶段。

清明：4月5日前后，气温回升，天气逐渐转暖。春暖花开，草木开始萌发茂盛，大地呈现气清景明的现象。

谷雨：4月20日前后，雨生百谷。此时农夫刚完成春耕，田里的秧苗正需大量的雨水滋润，适时且足够的雨水才能使谷物成长苗壮。但此时的天气，却时晴时雨，时冷时热，最让人不易捉摸。

春行春令，东风解冻，春暖花开。

春行夏令、秋令或冬令，天逆人背，草木不时，诸多无常。
——意随《礼记·月令》

立春：看《立春》 体会春立
THE BEGINNING OF SPRING

单位的年夜饭安排在2月4日（2010年），从某种意义上讲，年夜饭是个辞旧聚会，却也是一个迎新仪式。一翻日历，看到上面写着"立春"二字。这个年夜饭安排得巧了。

立春，是一个略带转折色彩的节气。古籍《群芳谱》曰："立，始建也。春气始而建立也。"立春居二十四节气之首，在天文意义上，它标志着春天来了，实际上，不是春天来了（气候学意义上的春天，是指平均气温连续五日稳定在10℃以上），而是春气动了。这是春天的前奏，气温、日照、降雨开始趋于上升、增多，自然，细心的人儿、盼春的人儿，可以毫不困难地嗅到早春的气息。

想起了蒋雯丽。于是上网找电影《立春》。这部电影，我从前在影院看过，但我想，立春时再看，一定会新意迭出、春意盎然的。

《立春》电影初上市那时，有一个流行的观点：《立春》，是一部励志影片。当时，导演顾长卫（蒋雯丽的夫君）和主要演员蒋雯丽都反对这个观

◉ 烟火是中国人"合谋"迎春的信号弹

摄影：张国忠

点。当然，在媒体面前，他们的反对是温和的。他们反对的依据好像是——如果我没有记错的话——他们说他们搞电影，本来就没想过搞什么主题鲜明的励志片，他们主观努力的方向是艺术类型片。我觉得，顾导和蒋雯丽反对得太有理了，我站在他们一边。不过，我另有反对的依据，我的依据是：立志和励志的区别。

我的看法是，所谓励志，说白了，就是打气鼓劲，激励一下，而打气之后，便是边际效率递减了；而立志，力自内生，初时可能至弱至柔，但内生之力会不断加大，一路志气高扬，步步高，积极向上的趋势是一定的。

在励志和立志的区别中，如果我们再细辨，你会发现，同是"志"，可是指向也会有所不同。励志中的"志"，好像是一个目标、一个计划，衡量的标准就是到没到，到便是成功，没到便是失败；而立志中的"志"，就像一颗种子，有了发育生长的条件，它就发育生长，其衡量的标准，不是要长成什么伟大的样子或结什么丰硕的果实，而是从无到有、从小到大，长成便是得志。对个人来说，立志，管的是可持续发展，而励志，管的是一时斗志昂扬而已。各位朋友，你们现在看明白了吗，立志和励志，看似近似，其实却有天壤之别。

懂得立志和励志的区别，再回头看电影《立春》，便对蒋雯丽（片中饰演王彩玲）有了刻骨铭心的印象和理解。对我自己来说，这份刻骨铭心还在于我就是一个王彩玲，我就是一个蒋雯丽（蒋本人也曾言她也是一个王彩玲）。

画个我自己的简单人生路线图吧。高中毕业——电影技术中专两年——小县城电影公司工作七年——武汉大学中文系研究生三年——到宁波工作。

很明显，在我的路线图上，有一段跨越——从小县城考上研究生。有不少人问我，在小县城放电影七年，你这七年是如何过的，才得以考上研究生呢？我回想了一下，觉得，我当时并没有什么特别，要有，也是别人眼中的"茫然"和"盲动"，当时我只是想着自学，一点点积累。后来想一想，我那一点点学，在一个小县城里，在一个不知研究生为何物的社会背景下，便是着魔，便是发疯。——这便是立志，和立春一样的立志。要说原因，这便是我人生得以跨越的最根本原因了。

与此相呼应，我记得我中专毕业那年，在郑州火车站广场等车时，曾有过这样的念头：现在我离开郑州（我上中专在此），五年以后我会再回到大城

◉ 春苗

摄影：王崇均

滴答，时间有节律地往前走。
节气，属于农耕文明，千年辉煌。
节气，属于传统文化，陈陈相因。
节气，属于炎黄子孙，传承不息。

市的。如今想来，这和立春时节"春气动了"一样。也许别人看来有些蹊跷，我自己，觉得却是自然而然的一桩事体。其间，虽不乏励志激励消解消沉情绪，但总体来说，是立志，像立春一样的立志。后来，我还真回来了，不过，不是五年，是七年，不是郑州，是武汉。具体地说，就是在家乡小城工作七年后，1993年，我考上了武汉大学中文系的研究生。嘿嘿！有门专业课我还考了91分呢。

蒋雯丽演的王彩玲，一个生活在小县城的音乐教师，一个苦苦挣扎要到北京去寻找歌剧舞台的追梦者，在《立春》中说："立春一过，实际上城市哈儿还么甚春天的迹象，但是风真的就不一样了。风好像在一夜间，就变得温润潮湿起来了。这样的风一吹过来，我就可想哭了，我知道我是自己被自己给感动了。"这话，也好像我说过似的。

蒋雯丽还说："每年的春天一来，实际上也不意味着甚，但我总觉得要有甚大事发生似的，我心哈儿总是蠢蠢欲动。可等春天整个儿都过可了，根本甚也么发生。我就很失望，好像错过了甚似的。"顾导说，"立春的到来，也预示着王彩玲新的向往"——明显，对王彩玲来说（其实也是对每个人来说），每年都会有立春来的，"立春一过，我心里就蠢蠢欲动了"。

如此这般，《立春》是励志片吗？若一定要加"志"字，那也是立志片。

正因有了对立春（包括电影《立春》）和立志的认识，再来体会一下今年立春时节的天气，对"春气动了"才会有更深的感触。我的观察和体会是，宁波这几日，不是下点小雨，就是老天阴着脸。但，在这样的天气下，就是有点过度怕冷的我，在阴雨当中也感到天变了，变得越来越温和了。最直接的反应是，我的手套，戴不戴无所谓了，热空调，打不打也无所谓了。"立春一日，水暖三分"，的确如此。

诵读宋词，发现一宁波人，吴文英，写过除夕立春的，现附录于此，也算传递一则春的消息吧。

祝英台近·除夜立春

剪红情，裁绿意，花信上钗股。残日东风，不放岁华去。有人添烛西窗，不眠侵晓，笑声转、新年莺语。

旧尊俎，玉纤曾擘黄柑，柔香系幽素。归梦湖边，还迷镜中路。可怜千点吴霜，寒销不尽，又相对、落梅如雨。

多余的话：

把立春、立志、励志，看似不相关的三个词混搭在一起，出手不凡；把虚构的王彩玲和现实的作者交相辉映，手法新颖。全文议论风生，旁逸斜出，左腾右挪，妙趣横生，功夫怎一个"高"字了得。——这是网上一位匿名朋友评论的，放在这里，聊存一说。

二·雨水

春季：一元复始，包括我的心情

阳光下的"雨水"
RAIN WATER

立春　雨水　惊蛰

　　2010年2月19日，农历大年初六，阳光敞亮，几乎可以说成是灿烂。春节长假的最后一天，逢一年之中的第二个节气——"雨水"。

　　天行有道。按天之道，今天太阳到达黄经330度。这便是"雨水"节点。雨水，表示两层意思，一是天气回暖，雨水渐多；二是雨水一多一少，一多是指雨水多，一少是指飞雪渐少。《月令七十二候集解》中说："正月中，天一生水。春始属木，然生木者必水也，故立春后继之雨水。且东风既解冻，则散而为雨矣。"我国古代将雨水分为三候："一候獭祭鱼；二候鸿雁来；三候草木萌动。"自此，温暖天天向上，春雨时时落下，大地欣欣向荣。

　　人们常说："立春天渐暖，雨水送肥忙。"如果说立春是一春之始的话，那么雨水便是农家一年扎下架子忙碌之始了。所以有农谚云："雨水草萌动，嫩芽往上拱，大雁往北飞，农夫备春耕。"我小时候，在大别山农村，模糊记得，过完年，大人们会说：年过好了，得干活了。这，大约是雨水前后的事吧！

◎ 春天的脚步

摄影：张国忠

现在，我早已不在大别山，也不在农村。我在江南宁波城里。我清点了一下，"雨水"里，我做了两件可以"上纲上线"的事。

第一件事是理发。根据长势，我的头发，本来应该是年前就理的。也合规则：理年头、过新年。年前，我怕人多，没去挤热闹。想来也没啥。大年初三专程到理发店，门关着：人家还过着年哩！一看这形势，初四我没有行动。初五忙其他事，傍晚时又过了点，理发店已关了门。拖到今天，想不到拖成了巧，拖出了好兆头：理发成了龙抬头。——我从网上得知，北方有些地方有这样的风俗。这一天，人人都要理发，意味着"龙抬头"、走好运。

第二件事是买书一堆。按我自己的习惯，本来没有什么可说的。买书的事，几乎每周都会发生，在我这里，真不算个事。但转而一想，今年过完年，我还真没有开买过。好像有人这样说过，人生的关键，其实就是在没有意义的事情上找出意义来（其实就是本人我自己说的）。所以，新年第一买就有了不一样的象征意义：新年多读好书，并希望自己努力在书中寻觅心灵安慰进而寻找写文章写书的灵感。考虑到这层意义，在此我就不单列今天我买了哪些书了，只报一个书款：不到二百五。

行文到此，我觉得，在"雨水"里，还有几件小事要记上一笔。一是早晨片刻赖床时，隐隐约约听见布谷鸟的叫声：这是在城市里，故觉得有几分奇怪。起床时，掀开窗帘一角，发现外面已是阳光明媚，于是少穿了一双袜（本来穿两双的），这也算与时俱进吧！第二件事是，晚上温宁波老酒吃，可能是酒温太高吧，倒热酒入杯，喝酒时发现玻璃酒杯已开裂一缝，原来去年冬天的寒意并没有走远。

阳光好，正午时分，我从宁波东门口步行到鼓楼。走路时想起前人的妙句：吹面不寒杨柳风。再想想，有点对不上，微风送来，仍有寒意，再说，一路车呀人呀楼呀，没有见到杨柳。

◎ 合伙盼春等小雨

摄影：王薇薇

嗨！春天的种子在阳光里

午后，到外面去，有阳光，我到了公园。走，有一搭没一搭地走。这就是晒阳光活动。初春里最健康的活动。

想起，有一首歌，唱：春天在哪里呀，春天在哪里？是的。春天，到底在哪里呢？

想来想去，春天在哪里？我可不知道。但，晒着初春的太阳，我知，春天的种子隐藏在哪里。对的，春天的种子在阳光里。

公园里有人，三三两两的。有大人，有小孩。小孩还拖着冬装，不过，步伐却是轻快的。一会儿跑到这儿，一会儿跳到那儿，我眼睛跟着转了半天。当然，公园里还有恋人，坐在木椅上，二合一，温暖。

有一会儿，我坐在公园的凳子上，惬意啦，享受啦！哈哈，这时，走来了一个漂亮的姑娘。在我还没有仔细看她时，她倒先向我发话了。我一看，是个半熟人。她说：你在这里做什么？嘿！嘿！我这时可是个聪明人儿。她这一问，我顺嘴开起玩笑来了，我带着微笑对她说：我在这里等你呀！当然，她知道我不是等她。这不，你一言我一句，共两句话，她就走了。嘿！嘿！下次相逢，不知是什么时候！

我坐在阳光里的时间不多，更多的是，我走在阳光里。阳光刺激，我想把我在阳光中的好感觉发布，让友人分享。短信不长，只几个字：春天的种子在阳光里。

要补充的是，我没有发出的信息是：因为春天的种子在阳光里，所以当阳光照耀大地时，大地上小草尖尖冒出地皮了；所以当阳光照耀柳条时，柳条现出青绿的意识来了；所以当阳光照耀你我时，欢乐从我们的心里溢出来了。

有位姑娘，是个诗人，她是这样回复我的：迎接它，用最安静的姿态。

（《嗨！春天的种子在阳光里》一文写于2008年2月21日，元宵节，节气"雨水"后的第三天。收录在此，以响应节气随笔之笔意。）

立春及雨水（公历2月4日至3月5日出生）

- 节气特点：古时立春是个重要的日子，由这天开始，冰雪融化，大地恢复生机，也是一年计划之始，象征淳朴、踏实。
- 个　性：性格耿直、老实，对很多事都有研究，是个有内涵的人。
- 感　情：比较被动，爱在心口难开，常常错失良机。

三·惊蛰

春季：一元复始，包括我的心情

小病似春雷，冷气过惊蛰
THE WAKING OF INSECTS

我的日子，过得像流水一样，转眼之间，就到了2010年3月6日，一翻日历，上面写着"惊蛰"。

惊蛰，太阳到达黄经345度。蛰是藏的意思，惊蛰的本义是天气回暖，春雷始鸣，惊醒蛰伏于地下冬眠的昆虫。《月令七十二候集解》说："二月节，万物出乎震，震为雷，故曰惊蛰。是蛰虫惊而出走矣。"

网络上在炒"叫春"的新闻：宜春市，大搞宣传，其雷人口号是"宜春，一座叫春的城市"，交关闹热（注：宁波话，很热闹的意思）。我身处的江南宁波，却在"倒春"：春天到了，冬天并没有走远。

报纸上这样写道："冷空气今来袭，宁波最低温度零下3℃。一股较强冷空气开始影响我市，过程降温达7~8℃，周日或许还有雨夹雪。进入3月份以来，宁波一直阴雨不绝，到今天已经是第6天了。连续的阴雨以阵雨或雷雨为主，其间有短暂的间歇，部分时段雨量较大，余姚等地还出现过局部暴雨，雷暴强烈。按照往年宁波的情况，这个时期阴雨这么多，气温这么低，还

◉ 桃花朵朵开

摄影：王薇薇

24番花信风

　　每年冬去春来，从小寒到谷雨这8个节气里共有24候（以五日为一候，三候为一个节气），每候都有某种花卉绽蕾开放，人们把花开时吹来的风叫作"花信风"，意即带来开花音讯的风候。于是便有了"24番花信风"之说。

　　人们在24候每一候内开花的植物中，挑选一种花期最准确的植物为代表，叫作这一候中的花信风。24番花信风是：

> 小寒：一候梅花、二候山茶、三候水仙；
> 大寒：一候瑞香、二候兰花、三候山矾；
> 立春：一候迎春、二候樱桃、三候望春；
> 雨水：一候菜花、二候杏花、三候李花；
> 惊蛰：一候桃花、二候棣棠、三候蔷薇；
> 春分：一候海棠、二候梨花、三候木兰；
> 清明：一候桐花、二候麦花、三候柳花；
> 谷雨：一候牡丹、二候荼蘼、三候楝花。

　　从这一记载中，一年花信风梅花最先，楝花最后。经过24番花信风之后，以立夏为起点的夏季便来临了。

是比较少见。"

没有听到春雷，于无声处过惊蛰。逢周六，我在家。宅男的生活，上上网，看看电视，看看书，然后买菜去。

我想的是平平淡淡过周末过惊蛰，谁知，午饭后，小睡两小时，起来时发现不对劲，肚子有点发胀，嘴里有点想吐，身上有点发冷，我生病了。

生病有因，我想的近因是今天买菜，带的雨伞不好，没怎么撑，结果淋了一点小雨。远因是，周四跑到舟山夜排档逢旧友吃海鲜吃酒。酒，我有点吃多了。然后，周五回来后，又赶一个电视片脚本的稿子。这也罢了，电视片脚本我付出了那么多的汗水，结果是主办方，哈，很看得起我的样子给了我一点点小钱。把我气得：写文章怎么就这么不值钱呢？为此，我想到了，在此地写文章的状态是——"的士"司机的工作状态：招之即来，挥之即去；农民工的收入标准：多乎哉！不多也。

有病看病。到社区医院，看医生，听病人聊天，我不吱声。——具体过程就不表了。回来后，上网闲逛，发现了《黄帝内经》中有关惊蛰养生方面的说法。《黄帝内经》曰："春三月，此谓发陈。天地俱生，万物以荣。夜卧早行，广步于庭，披发缓行，以便生志。"是的。《黄帝内经》讲得多好呀，我想一想，再过几天便是生日，我便满××岁了（年龄事关个人隐私，姑隐不彰），这把年纪，正是听得懂、听得进老人话的人生阶段。于是，我自言自语：今后多注意健身呀！惊蛰没有听到春雷，小病却似春雷——也一样可以惊醒人！

惊蛰是节气，上网一查，还是一个戏的名。什么戏，是我老家河南的曲剧，爱情戏。哈哈，我没有看过这出戏，但想，取《惊蛰》这个名字作剧名，实在另有玄机：原来，惊蛰，在民间，跟"叫春"勾连着。不信，有谚在先。谚语云：惊蛰过，暖和和，蛤蟆老角唱山歌。唱的，其实不是山歌是情歌。还有谚语更大胆更直接：惊蛰天转暖，牲畜发情欢：马发情，把腿叉；驴发情，拌嘴巴；牛发情，叫哈哈；羊发情，摇尾巴。草驴发情呱嗒嘴，母猪发情跑断腿，母牛倒爬牛，母猫叫破嘴。——这，如果要叫"叫春"，也得叫"叫春行动"了。

巧了，"宜春叫春广告"，惊蛰天正在网络传播，不由得让人感叹历史之巧合。看来，惊蛰，除了惊起虫子外，也惊起了奋发有为的人类。不过，

◎ 簌簌衣巾落春花

摄影：陈黎明

● 童年的小伙伴是一辈子的小伙伴

摄影：王薇薇

这状态，对人类来说，现代的一个词倒是可以代替，这就是"雄起"，也很传神。

　　从前，跟人聊天，侃时代谈潮流，人们大多直言"浮躁"。今天行笔至此，我突然觉得"浮躁"一词实在有点词不达意。我们这个时代，最达意、最委婉的说法，倒是"惊蛰"了。至于"惊蛰"一词，如今都市里的人们忘没忘记、明不明白意义，那是另一回事了。

　　回到农谚：冬虽过，倒春寒，万物复苏很艰难。——不要跑偏了：只想到"叫春""雄起"，这，也是"惊蛰"的一层意义了！

生命中的这一天

生日。没什么，就是一个生日。

早上要着吃了碗寿面。其他跟平时没什么两样。下午还特意打电话让夫人不要准备生日蛋糕。

过得跟平常一样，不是很好吗？

但，实在的，还是不一样，很不一样。不说其他的，说天气。

说天气，也只说半天吧！下午在办公室上班时，抬眼望窗外，发现下起了急雪：小雨加小雪再加不大不小的急风。

我有点爱搞怪。跑到别的办公室，大叫：出大事了，出大事了。过了几秒十几秒，再接着说：下起雪来了。宁波前些时连续多日十几二十几度，早入春了。报纸上说今年是很多很多年来最早入春的年份。现在又下起雪来，这不是"三月还下杨柳雪"吗？这，从概率来说，可不就是大事吗？

老天呀！你下你的雪，我上我的网。上网逛了几分钟，再抬眼窗外，哈！又来了阳光，很敞亮的阳光，当然很明媚。我观此景，心里想，一会儿下雪，一会儿来阳光，这不是太阳雪吗？

下班时，一看天空很敞亮的样子，觉得连日来的阴雨天就此完了，便把早上上班撑来收好的雨伞，撑开来放在办公室内阴干。

晚饭时，夫人回家，第一句便是：好大的雪呀！

不对头呀！我马上说：我回来时天很好的，怎么会下雪的？！

儿郎闻言，放下二胡，跳上书桌，拨开窗帘，快乐大叫：真的，好大的雪呀！

有风雨，有雪花，有阳光，生命中的这一天，跟整个人生一样吧！是不是幸福可能很难说，但一定是很多彩的。

人生百年，多彩以外，又复何求！

四 · 春分

春季：一元复始，包括我的心情

春分春分　恰如其分
THE SPRING EQUINOX

　　我在想，是不是只有我才这样期盼春天呢？往前推，夏末第一场寒风冷意，我在心里就已萌生了冬天快快过去的念头，到了冬天，数着日子一九二九三九……希望寒冷早早过去的盼头几乎天天膨胀，过春节经雨水过惊蛰，到今天（2010年3月21日），春分到了，在我的感觉中，我期待的心情这才最终落了下来，这一年的春天真的完全到来了。老天，再刮风再下雨，那也是真正春天的风春天的雨了。

　　春分不是节，但我却无意之中把它过成了节日，完成了春分这天"规定"的这事那事。这便有了内心欢喜：春分春分，恰如其分。

　　早上，六点多起床，周日跑跑步，看看一路上的树，看看树上的春意。天色有些发暗。报上说北方在刮黄沙，北京成了"黄"城。江南自然不同，虽然受北方黄沙黄风影响，混浊之色也难掩春浓。这，应该算老天赐给江南宁波的一个福。春浓起意踏青，本来一宅男，早餐后，又想着外出逛逛。

　　上午带着上小学五年级的少爷到外滩、美术馆一带乱逛。其他不说，只说过马路，外滩附近天主教堂前的马路，我临近斑马线时，像往日一样努力让着飞一般行驶的汽车（如果是的士更要加倍小心），谁知，几辆车，包括的士，却停在斑马线前让着我们。一想，明白了，宁波市前些时开始实施礼让斑马线的新规定（对不礼让斑马线行为进行处罚，对不遵守的机动车驾驶人处以罚款100元、扣2分），我这是享受新规定的成果啦！已生活在这座城市十余载的我，很自然，对这座城市每一点每一滴的变化，特别是越来越人道越来越人性化的进步，都很欣喜自豪。

不知是因为午餐吃了些酒还是春困，午后我爬到床上睡起觉。一觉睡到三点多。哈哈，上网乱逛，发现今天还是"世界睡眠日"。想不到无意之中我紧跟形势配合"世界"默契。今年睡眠日的主题是"良好睡眠，健康人生"。这真不是空口号，的确切中现代人的一根软肋。

不过，我觉得我的这根肋并不软。至少这个周日我过得很健康。上午踏青外还买了二百零九元五角的书，午休后，到美发店洗洗头，再到社区医院，认识的那位杨医生说：今天病人很少。我说，春天来了，天气好了，病人自然少了啦。我来医院，推拿针灸，说治病似乎不确，说养生可能更好。我自己说，我是没有病时来治病。我这样做，至少是健康的积极的放松呢！

资料上说，中国古代还有春分祭日之俗。早在周代，春分就有祭日仪式。《礼记》曰："祭日于坛。"孔颖达解释说："谓春分也。"此俗历代相传。清朝潘荣陛《帝京岁时纪胜》说："春分祭日，秋分祭月，乃国之大典，士民不得擅祀。"我是"士民"，我是老百姓，自然不敢擅祀。也是赶巧，因为写节气随笔，写着写着，越来越觉得太阳太伟大太了不起了。近些时，我想起了一句话，权作我整个节气随笔的题记，算是献给太阳的祭文或赞美诗吧。这便是—— 一切都是因为您，太阳呀！仅仅因为您的远和近，我们，被您牵引，从一个节气走向另一个节气。

春分春分，时光平分，古时又称为"日中""日夜分"。这时太阳到达黄经0度，这一天阳光直射赤道，昼夜几乎相等。《春秋繁露》上说："春分者，阴阳相半也，故昼夜均而寒暑平。"俗话说，"春分秋分，昼夜平分"。春分春分，除了平分白天和夜晚外，还有一解，古时以立春至立夏为春季，春分正当春季三个月之中，春分居中，由此平分了春季。

很自然，春分之时，正是春色正好的时候。惜春？此时怜惜春光，是不

◎ 武汉大学的樱花是著名的樱花

摄影：鱼恰恰语

　　节气，是老天爷给中国先人安排的"课表"，上完一节课，再上一节课，还有休闲时间，就这样从容，就这样成为中国传统之一。

　　节气，仍是当下人们的"课表"，好好学习，好好耕耘，便有好的成绩单，便有满心欢喜。

是太早了些？我这样问，不是期盼春天心切的我，而是另有其人——搞艺术的，名叫高晓松，就是写校园民谣《同桌的你》《睡在我上铺的兄弟》的那位，他写了《春分》，无疑歌曲中流淌着怜惜春光的一串愁绪。要加一句的是，这首歌的原唱，是女歌手筱子，年纪轻轻就自杀了。在此，我们看看歌词吧！

春 分 高晓松

谁听见海里面
四季怎样变迁
谁又能掀起那页诗篇
谁能唱谁能让
怀念停留在那一天永不改变

hei dar
像是一根线
拽住风筝那头的童年

谁哭了谁笑了
谁忽然回来了
谁让所有的钟表停了
让我唱让我忘
让我在白发还没沧桑时流浪

我是一根线
串起一段一段的流年

来啊来看那春天
她只有一次啊
而秋天是假的
收割多遥远啊
你不要不要脱下冬的衣裳
你可知春天如此短
她一去就不再来

我只有一次啊
不再来
生活多遥远啊
她一去就不再来

纠缠，像单相思的女生那样

前天下雨，昨天阴，今天又下雨。预报说，明天还会阴，后天还会下雨；预报还说，何时阳光灿烂，还不能确定。阴雨绵绵，纠缠着大家的心情。这次第，何以名之？我想了想，想出一个比喻：这老天，多像一个患上单相思的青涩女生，且，不断出新招去骚扰那个心中的白马王子。

到暖和的时候，暖和；到火的时候，火；到温凉的时候，温冷；到冷的时候，冷。这就是四季分明。再想深一点，我们心中也有四季，也要求四季分明，也就是说，暖和的时候不好好暖和，冷的时候又冷不透，我们就觉得很不舒服，觉得什么地方不对劲，觉得变天了。反常，折磨着我们的神经。怎么办呢？在这样阴雨轻寒的初春时节。

这样吧！就当我们是那个被纠缠的白马王子，忖忖如何？依我看，我们面前的路有这样几条：

由着她来，由着她去，这是现实的路。无可奈何，是白马王子最内在的心思。当然，走在现实的路上，我们这些王子还是有差别的。别的不说，只说有的王子在下雨的第二天就开始抱怨，持续抱怨，这样一来，不仅连绵的雨，即单相思青涩女生左右着你的心情，而且你自己的抱怨也加剧了心情的坏，搞得不好，开车时还会出点危险的事。——这是我们要警惕的。

想想戴望舒的《雨巷》，想想周作人的《雨天的书》……这是艺术的路，或者说生活艺术化，来点艺术处理平庸的生活。虽然我们自己也许不能写出雨天的文字，但我们可以进入别人早已写好的以雨为角色的文字世界，在眼前的雨景和书中的雨文间来回转换，我们会有不同的体悟。很自然，在艺术世界里，我们自然不怕连绵的湿雨淋坏了我们的心情，因为我们摆上的是一副欣赏的姿态。——我们平时所说的艺术乃"无用之用"，大致如此吧！

买张机票，向南飞，离开这里、离开连绵的阴雨。比如，到海南去，那里有阳光，有沙滩，还有……这是超现实的路。这是超现实的路吗？我想，也许吧。不过，我还没有听说有这样的人：因为要过阳光灿烂的日子，而选择离开阴雨连绵。

至于说到我自己，怎么办？第一，打开电脑，点开《雨巷》朗诵版，听。第二，空想一下海南的阳光灿烂。第三，出门时，提醒自己带把雨伞，遇到相思女生，不要被她搞乱心情。如此而已。

惊蛰及春分（公历3月6日至4月4日出生）

- 节气特点：气温渐升，花开鸟鸣，春雷乍响，蛰伏过冬的动物开始活动。农民亦
  开始播种、插秧，万象更新。
- 个　　性：这时出生的朋友，爆发力强，但比较容易产生猜疑。
- 感　　情：由于生得一副标致酒孔，所以很有异性缘。

甲骨文：

卯

耳言

五·清明

春季：一元复始，包括我的心情

清明清明，我们为什么一年需要一个清明节？
PURE BRIGHTNESS

　　我是一个异乡人，过春节没有回老家，心想，春节不就是一个日子吗，在异乡过年，当时没有什么"不良反应"，但，春节过完了，好久我都没有从"节后综合征"中醒过神来。——原来，我们中国人，每一个都是需要时不时这般"折腾"的：在热闹中闹过去，在平静中静下来。这样才是正宗龙的传人。

　　春节要热闹，清明要祭祀。不这样做，就像低年级的小学生没有完成老师布置的作业一样，忐忑惶恐。因为有此感悟，早早的，我就买好了机票，清明我要回老家去。我要到我父亲的坟头去，我要到我奶奶的坟头去，我要到俺韩家的老坟山去。

　　在一年二十四个节气中，有的节气，给人印象浅浅的，不少人，特别是生活在都市里的人们，不怎么注意，不怎么留心，一滑就顺溜而过了；有的节气，给人印象深深的，不仅未来之时，已有迎接的氛围，而且来到之时，还有一道仪式、一番热热闹闹、一阵轰轰烈烈，就是流逝之后，还会被人不时提起。清明这个节气，就是这样一个满含丰富意蕴、从人们心里走过的隆

◉ 江南味道

摄影：张国忠

　　每一年的节气都是相同的，可是，因为我们好奇，所以每一年的春天不一样，每一年的夏天不一样，每一年的秋天不一样，每一年的冬天不一样。

重节气。

　　清明，太阳到达黄经15度。《历书》云："春分后十五日，斗指丁，为清明，时万物皆洁齐而清明，盖时当气清景明，万物皆显，因此得名。"自然，清明，是一个节气，在传统中，在中国人的心中，清明这个节气，不单单是一个大自然的节气，而且更是一个响当当的节日。在这个节日里，上坟祭祖和扫墓，汉族和一些少数民族大多有此传统，是谓清明节扫墓。古代，清明扫墓祭祖，谓之对祖先的"思时之敬"。

　　节日节日，其实并不会只是一日。就我来说，清明节我奔向河南老家扫墓，这个节日就很占了几天。

　　（2010年）4月3日，我赶到湖北，给我岳父母上坟扫墓。当我看到墓碑上刻有作为女婿的我以及作为外孙的我儿子的名字的时候，我感到，清明时节，给岳父母烧些纸磕三个头，是一份沉甸甸的责任。

　　4月4日，我赶到河南新县韩冲西湾——我在此生活过15年之久的地方。天气明朗。我老家的规矩，清明前三天都是可以上坟的。在我奶奶的坟头——我乡里人都说我奶奶的那座坟风水好，保佑后人走好运，就在我上坟时，村里还有一个人在旁说道："你得好好把你奶奶的坟再修好一些。"这一天，我们一行人扫了我韩家的好多坟。经过一番寻找，还找到了一座从前被忽视掉的祖坟。在辨认坟墓墓碑上的碑文时，我弄清了我爷爷的名字（韩家成），我爷爷的父亲的名字（韩名勇）。这些名字，如今看来，似乎已成了抽象的符号，但仔细一想，知道了这些名字，我的心却明明确确清朗了许多。——我想，我们中国人就是这样认根的吧！

　　4月5日，天气晴好，清明当天，我和我妹妹到我父亲的坟头上坟（位于新县城郊皮河处）。那片坟地，绝大多数的墓碑都被后代们弄得非常"时尚"气派讲究，对照之下，我父亲的坟显得寒酸"落队"。我父亲生前是一个好强爱面子的人，曾一度赚过不少钱，一时显富手上很阔。只是后来没有把握好财富，老来又生了大病，晚景不免凄凉。想到这一些，我和我妹妹商定，明年清明，可得要好好地把父亲的坟弄得气派一点。——这也是中国人尽孝的一种形式吧！

　　清明扫墓，在此，我要跟外人说一个秘密。在我老家，我们扫墓、烧纸、磕头之外，还会跟先人们说说话，这话还说得极有意思。比如，有的人会

● 青山遮不住

摄影：张国忠

二十四节气歌

打春阳气短，雨水沿河边；惊蛰乌鸦叫，春分地皮干；
清明忙种麦，谷雨种大田；立夏鹅毛住，小满鸟来全；
芒种开了铲，夏至不拿棉；小暑不算热，大暑三伏天；
立秋忙打淀，处暑动刀镰；白露烟上架，秋分不生田；
寒露不算冷，霜降变了天；立冬交十月，小雪河插严；
大雪河封上，冬至不行船；小寒大寒又一年。

跟先人讲条件，边烧纸边说"某某某今年没有来给你上坟，你可不能怪罪他啦，他在那里忙什么走不开啦"之类，还有"我来了，给你上坟，你可得好好保护我啦"，如此之类。这，从一个侧面体现了我们河南人身上那股特异的幽默精神劲头。你把它称为地域性格亦可。

我工作在外，并不是每年清明都回老家。这次回老家，我已84岁高寿的母亲很明确交代我："将来我死了，你清明要回来看看呀。你工作忙，不用每年清明都回来，隔一年可以，隔两年也可以，但不能隔三年。"我听着"隔一年隔两年不能隔三年"的话，无声无息之中，内心涌起一阵阵酸楚。

清明，我虽奔向河南老家，但我很明白，清明时，宁波亦是清明节，且，宁波的清明节有其特别之处。宁波是"交关"多上海人的"老家"，于是，清明之际，在宁波扫墓的人流中，有不少来自上海的"阿拉"。与此对应的是，公交公司为此还特别安排扫墓公交专线，交警也前往指挥。路上人多挤得热闹，坟山爆竹放得热闹。此，可为宁波清明一景。

有趣的是，大家有所不知，围绕清明，还有一桩美丽的错误呢！这桩美丽的错误就在——清明时人们常念叨的名诗"清明时节雨纷纷，路上行人欲断魂。借问酒家何处有，牧童遥指杏花村"之中。据专家考证，这首名诗，既不是为清明节上坟而作，也不是著名诗人杜牧所作。我想，不管有多少专家多少次指正，每逢清明节，人们还是会念叨这首诗的。其因很简单：人们铁定认为这首诗反映了清明时节人们的共同心声。这错那错，心声不会错。

写完全文，回到标题中的那一问"我们为什么一年需要一个清明节"，自然，对这一设问的回答，对任何一个略有传统意绪的中国人——比如我——来说，是无须多言的。需要，就是需要，每年就是需要一个清明节。去坟头烧烧纸磕磕头，对中国人来说，这是自然而然的事。如果某一年有事没法去先人的坟头一趟，那么，我们在内心便积攒着一份对先人的愧疚。于是，总想着去补、去还。——这是一份传统，而传统是从历史中慢步走出来的。据记载，扫墓，在秦以前就有了，但不一定是在清明之际，清明扫墓则是秦以后的事，到唐朝才开始盛行，传承至今。

就这样，我们每年需要一个清明节。——我们是中国人，清明节是我们中国的清明节。

谷雨谷雨　时有春雨
GRAIN RAIN

清明　谷雨　立夏

报上的天气预报说，4月20日，时有阵雨。我看了看报，想，不妨小资一番，把阵雨改成春雨。这样，便有了这个标题——谷雨谷雨，时有春雨。

有春雨时，不冷，雨丝也不太沾衣，午后一时许，我站在这个江南城市的街头，看人，看来来往往的人，有的打着伞，有的没有。有和没有，都显得很自然。

但下午，特别是到了晚间，情况就很不一样。这时的阵雨，可不是一小阵，而是阵得没完没了的样子，说大不大，说小不小，此时，如果没有雨伞在手，那就难免显得有点狼狈了。

这是今年春季的最后一个节气，谷雨，按排序，是一年二十四个节气中的第六个。谷雨谷雨，其意是"雨水生百谷"。如果你留心的话，你会发现，在春季的六个节气（立春、雨水、春分、惊蛰、清明、谷雨）中，"雨"占了两个。万物生长靠太阳，是的，其实，也很靠雨水。雨量充足而及时，谷类作物这才好茁壮生长。——春季的"雨水""谷雨"就这样有了丰收的意指。

◉ 春晓仪仗队

摄影：王薇薇

　　谁都会感叹光阴的：从立春到大寒是一年，从大寒到立春只一瞬。我们生活质量的提升，也许就是从感叹光阴时开始的。

在路上，我问一个熟人，今天的雨如何，他明显表现出讨厌的神情。想一想，也对，前些时"倒春寒"把人们折腾够了，对老天雨淋淋自然缺乏欢喜心。这里，我要特别提到的是，"倒春寒"时，有人解嘲说，昆明人说他们那里四季如春，宁波人说阿拉这里今年可是春如四季：前天是夏天，昨天是春天，今天是秋天，而明天，天气预报说只有零上几度，分明是冬天矣。

谷雨，太阳到达黄经30度。《月令七十二候集解》曰："三月中，自雨水后，土膏脉动，今又雨其谷于水也……盖谷以此时播种，自上而下也。"这里，别的我不说，只说"土膏脉动"，这样的表达太让我心折，说的是"土膏"，动的是"脉动"，多好的名词和动词。

谷雨带"谷"，这说的是此时的雨水对粮食作物是"及时雨"。生活在都市里，我看到了下雨，却没有看到"谷"，我看到的是一阵春雨后，街面上铺着的缤纷落叶。如果细心，你会发现春天的落叶和冬天的落叶很不一样，再抬头一望，落了不少叶的树木——比如香樟树——越发青绿了——满眼生嫩的春意。

晚上到朋友家吃饭。别的不表，只表我带去了我的两本作品集《只有我知道》和《海涵宁波》。只提文字作品，没有别的，是因为谷雨这天跟文字有很密切的关联。

这知识我是从网上知道的。相传轩辕黄帝时，左史官仓颉曾把流传于先民中的文字加以搜集、整理和使用，并根据日月形状、鸟兽足印制造了文字，这便是所谓的仓颉造字。仓颉造字非同小可，"天雨粟，鬼夜哭"。造字成功，点燃了中华民族薪火相传的第一把火。相传这事甚至感动了高高在上的玉皇大帝。当时正遭灾荒，许多人家无法糊口，玉皇大帝便命天兵天将打开天宫的粮仓下了一场谷子雨，人们得救了……仓颉死后，人们把他安葬在白水县史官镇北，与桥山黄帝陵遥遥相对，墓门上刻了一副对联："雨粟当年感天帝，同文永世配桥陵"。人们把祭祀仓颉的日子定为下谷雨的这天，也就是现在的谷雨节。

无可争辩的是，如今的谷雨节并没有得到很好的传承和弘扬。从网上得知仓颉造字和谷雨节的关系后，我觉得，回过头来再看我将两部作品送给友人，如果说句勉强话，那么，这算不算是对文字始祖仓颉的一种尊重、一份遥远的缅怀呢？！

◎ 是乡野的味道、童年的味道，还是故乡的味道？

摄影：张国忠

二十四节气七言诗

地球绕着太阳转，绕完一圈是一年。一年分成十二月，二十四节紧相连。
按照公历来推算，每月两气不改变。上半年是六、廿一，下半年逢八、廿三。
这些就是交节日，有差不过一两天。二十四节有先后，下列口诀记心间：
一月小寒接大寒，二月立春雨水连；惊蛰春分在三月，清明谷雨四月天；
五月立夏和小满，六月芒种夏至连；七月小暑和大暑，立秋处暑八月间；
九月白露接秋分，寒露霜降十月全；立冬小雪十一月，大雪冬至迎新年。
抓紧季节忙生产，种收及时保丰年。

和文字有关的是，今天我收到一位老友的短信。短信说："再不重视（文化），此地将除集装箱外，无物可留给后世。"

农夫山泉有点田（甜）。都市人如今怀有这样一份理想：当农夫，山有泉水叮咚，有点田不慌不忙过田园生活，惬意。当然，这是理想，我也有。我这理想，目前看来还是空想。怎么办？在此，抄录几条谷雨农谚，权作我对这份理想的思量：

谷雨天，忙种烟。
谷雨有雨好种棉。
谷雨下秧，大致无妨。
谷雨前后，种瓜点豆。
谷雨麦挑旗，立夏麦头齐。
清明麻，谷雨花，立夏栽稻点芝麻。
谷雨栽上红薯秧，一棵能收一大筐。

◎ 小麦青青

摄影：张国忠

快来看哟！此时，她正在换装

江南四月，杨柳已换好春装，春装上的"修饰""点缀"，很嫩脆，像小男孩的害羞，百媚千态，却又没有性感。

桃花开了，有些花儿笑得过分了些，于是显得有点萎靡。

这时，香樟树换装了。

香樟树的换装，跟别的树不同。

经过一冬——还有阴晴反复折腾的初春——的香樟树，有些疲了，倦了。这些疲、这些倦，体现在旧叶子上。在人们毫无察觉之际，旧叶子们开始一点点、进而一片片染上暗红，在枝头停留一段春光后，随着春风——多半在夜间——悄悄坠落于大地之上。

但是，香樟树的整体精神状态很好，有冬的底气，有春的劲头，一点不显悲观。因为，这边脱下旧衬衣，那边香樟树已套上了春天的新时装。这时，你从她身边走过，张目望去，正在换装的香樟树，层次分明，着色灿烂。

这是江南四月的颜色吧！此时，江南的美真好！真好哟！

快来看哟！香樟树就站在那里。

清明及谷雨（公历4月5日至5月5日出生）

● 节气特点：	春光明媚，一片欣欣向荣，而清明节也是慎终追远的扫墓时节。
● 个　　性：	重情重义，肯为别人牺牲。
● 感　　情：	虽然长相平凡，但重情义的个性，同样吸引异性。

清明神官

甲骨文：

耳言

摄影：张国忠

夏

立夏　小满　芒种　夏至　小暑　大暑

SUMMER

夏神·祝融

　　祝融又作朱明，表示夏天白昼盛长、阳光炎炽的特点。
兽身人面,坐骑为两条龙,是中国古代神话中的火神（夏神）。
祝融本名重黎，中国上古神话人物，号赤帝，后人尊为火
神。有人说祝融是古时三皇五帝中的三皇之一。据《山海经》
记载，祝融的居所是南方的尽头，是他传下火种，教人类
使用火的方法。另一说祝融为颛顼帝孙重黎，高辛氏火正
之官，黄帝赐他姓"祝融氏"。

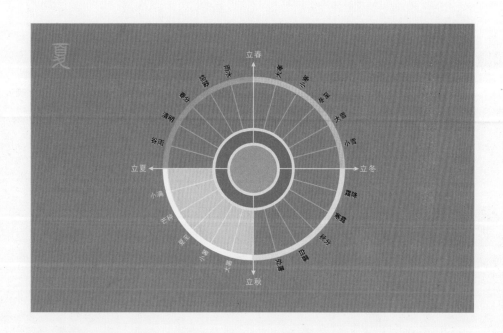

夏·六个节气简要说明

立夏：5月5日或6日"立夏"。夏季开始，此时已出现温暖的气候，万物迅速生长。

小满：5月20日或21日"小满"。"满"指谷物籽粒饱满，稻谷和麦类等夏熟农作物行将结实，等待成熟，但尚未达到饱满的程度。

芒种：6月6日前后，此时太阳移至黄经75度。麦类等有芒作物已经成熟，可以收藏种子。

夏至：6月22日前后，炎热的夏天真正到来，此时阳光直射北回归线上，北半球受光最多，是白天最长黑夜最短的一天，中午时太阳的仰角是一年里最高的，因此日影是一年中最短的，过了夏至日，白天渐渐变短，夜晚慢慢加长。

小暑：7月7日前后，暑是炎热之意，此时天气开始逐渐变得炎热，但是还没有热到极点，虽然夏至时北半球受阳光照射时间最长，由于太阳射来的热力必须先对地面和大气加温，才能把热储存于大气中，所以天气从夏至开始慢慢加热，经过小暑后，热度才会逐渐升高到极点。

大暑：7月23日前后，正值中伏前后。这一时期是我国广大地区一年中最炎热的时期，但也有反常年份，"大暑不热"，雨水偏多。

夏行夏令，盛德在火，继长增高。

夏行秋令、冬令或春令，天逆人背，五谷不滋，民殃于疫。
——意随《礼记·月令》

立夏叮嘱华夏：做个好汉子
THE BEGINNING OF SUMMER

谷雨　立夏　小满

　　中国字有讲究。如今一凝神，看字一讲究，也许你就会发现中华文明流传几千年的理由，就会发现中国之所以为华夏的根本。这话讲得空了些，我们还是落到实处吧！这里，我们来看一个字，立夏的"夏"，也是华夏的"夏"字。

　　远古的"夏"字，如今看来，极像一个手持斧钺、壮大威武的武士。这个"象形"，有人说最初表示中原古族的图腾，靠谱。后演变成如今的"夏"字。《说文·夂部》曰："夏，中国之人也。从夂，从页，从臼。臼，两手；夂，两足也。"很显然，如此形象，"夏"便有了威武、盛大、阳刚之意蕴，故，如下的事体就一点不奇怪了：华夏、诸夏相沿用，以至后来指称中国；中国第一个朝代叫夏；一年的第二个季节阳气最足叫作夏……

　　今日，2010年5月5日，太阳"爬坡"，向上挺立，到达黄经45度，阳气飞腾，时至节气"立夏"。"斗指东南，维为立夏，万物至此皆长大，故名立夏也。"我国自古习惯以立夏作为夏季开始的日子。此时，在天文学上，立夏表示即将告别春天，是夏天的开始。

◉ 真水无痕

摄影：陈黎明

节气，
传中国精神，
重复中，气贯长虹。

节气，
是中国人的作息时间表，
重复里，见出精神。

在宁波，过立夏有不少习俗。这些习俗，如果和"顶天立地男子汉"的"夏"字形象联系起来，我觉得，中华民族生生不息的玄机就可参悟出几分。在我看来，便是——立夏叮嘱华夏：做个好汉子。

不信，你不妨从"一条好汉"的形象这个角度，再来对宁波立夏习俗透视一番。

习俗一：以五色丝线为孩子系手绳，称"立夏绳"。

习俗二：立夏吃鲜。宁波习俗要吃"脚骨笋"，用乌笋烧煮，每根三四寸长，不剖开，吃时要拣两根相同粗细的笋一口吃下，据说吃了能"脚骨健"（身体康健）。再是吃软菜（君踏菜），据说吃后夏天不会生痱子，皮肤会像软菜一样光滑。立夏还有尝"三新"的说法，"三新"即樱桃、青梅、鲥鱼。此外，旧时，在乡间，人们会用赤豆、黄豆、黑豆、青豆、绿豆五色豆拌和白粳米煮成"五色饭"，后演变为倭豆肉煮糯米饭，菜有苋菜黄鱼羹，称吃"立夏饭"。

习俗三：立夏称人。吃完立夏饭后，在横梁上挂一杆大秤，大人双手拉住秤钩，两足悬空称体重；孩童坐在箩筐内或四脚朝天的凳子上，吊在秤钩上称体重，谓立夏过秤可免疰夏。若体重增，称"发福"；体重减，谓"消肉"。我曾见过以立夏民俗为主题的剪纸，并作了两句打油诗："箩筐称人秤杆平，热热闹闹长精神。"

习俗四：立夏有蛋。立夏这天，用红茶或胡桃壳煮蛋，所煮鸡蛋称为"立夏蛋"，人们会拿"立夏蛋"相互馈送，还会用彩线编织蛋套，挂在孩子胸前，或挂在帐子上。当然，已不再是小孩的大人们也要吃"立夏蛋"。网上有人QQ的个性签名便是：立夏吃只蛋，力气大一万。我吃了两只茶叶蛋……

小孩立夏还有节日游戏：拄蛋或斗蛋。蛋是分两端的，尖的那里为头，圆的部分是尾。斗蛋时，蛋头找蛋头来碰，蛋尾对着蛋尾来拼。如此一个一个斗过去，破壳的认输，最后分出高低。蛋头上胜的为第一，这只立夏蛋称大王；蛋尾胜的为第二，这只立夏蛋叫小王，或者二王。这斗也叫拄，民间多叫拄蛋。真斗起来，还会更加有趣。有斗蛋经验的孩子一般都是用小头拄，因为小头大多是实心的，硬。有些蛋大小头分不大清楚，实战中，自然会有粗心人，拿大头去拄小头，输了才发现，后悔得双脚乱跳。"拄蛋资深专家"称：拄的蛋不光有鸡蛋，还有鸭蛋、鹅蛋。当然最坚硬的立夏蛋要算鹅蛋了。鹅蛋市面上少见，那是要用来孵小鹅的，农家只有在孵不出小鹅来或者对孩子特别宠的情况下才会给孩子一个，凭借此蛋，那真的是打遍天下无敌手！

如果说过去，民俗在民间热闹，那么现在的热闹在媒体、在网络。《宁波晚报》头版上有立夏挂蛋的新闻，而网络更是交关闹热。QQ群里有人讲了一桩实事：昨晚想煮茶叶蛋，翻箱倒柜，没茶叶，开车去山上采老茶叶，还去买五个煤饼，一切搞好后，准备停当，放上鸡蛋开始煮，人就看电视去了。不料煮得锅啪啪响，意识到后，跑过去，立马一瓢水倒下去。结果，七个鸡蛋冲出了锅，都炸飞了。有点像讲相声似的，惹得我们一阵大笑。

很显然，上述的所有民俗所有举止，从现代的角度来看，其目的是出于祈求身、心、腿等重要部位健康无恙，防止生病，顺利度过炎夏的美好愿望。如果从历史的角度来阐发宏大的观点，那可是我们中华民族尊重时令渴望威武强大的民族愿望，且，这一愿望年复一年，在岁月中累积成了我们华夏民族的文化基因。用我的话来说，立夏通过习俗，反复叮嘱华夏子孙：做汉子，做爷们，顶天立地真英雄。

说实话，作为客居宁波的外乡人，吃立夏蛋之类的习俗，今天我一件也没有做。不过，我一直很认真地打量和琢磨这个城市和这个城市的每一点变化。是的，我一直在感受着——

立夏立夏，其实今天老天并没有到达夏季。在气象上，一般以连续5天的日平均气温在22℃以上且趋势相对稳定，才算正式入夏。宁波常年入夏时间在5月底6月初。不过也有特别早的，像去年（2009年），天气热得早，宁波市在5月8日就已正式入夏，创下了宁波有气象记录以来的入夏最早纪录。

上午，天下着小雨，我站在窗前，看到了街上有人远方有雾。虽在室内，也能体会到外面也是不冷的。午后，天放晴。我走出办公室，徒步从星中路走到中河路，穿过马路穿过公园，沿着新大路走到新华书店，一路看树看人。看树，古书云此时是"万物并秀"，看人，特别关注女孩子，这时节已到了想穿多么少就穿多么少，我称之为"线条清楚，人物分明"，当然，一路上我也看路。

我到新华书店自然是买书。想不到，在我所买的书中，有这样的字样：

◉ 红花的世界

摄影：陈黎明

《跟着太阳走一年》出了毛边书。友人讨毛
边书又讨签名，戏作一首诗于毛边之内。打油诗曰：

书有毛边显本真，
不读不看落灰尘。
岁月静好书无恙，
光阴留痕如逢春。

是汉子，就要晃动地球，能晃三下晃三下，能晃五下晃五下。

你知道当一个男子汉是个什么形象吗？就是那只压在床下垫着床腿铮铮有神而不死的癞蛤蟆！

以上两段皆出自韩美林《闲言碎语》一书。录在此，算是一介书生的我，响应时令、传达强壮意愿、承继立夏习俗的一种特殊形式吧！

小满：中华有麦，江南有水
LESSER FULLNESS OF GRAIN

立夏　小满　芒种

　　多云到阴，有时有阵雨；多云到阴，有时有阵雨；多云到阴，有时有阵雨；多云到阴，有时有阵雨……这样的天气，真不知老天已延续了几日，到了今天，仍是。而今天（2010年5月21日），没有阵雨，如果仔细体会，也会觉察到朦胧的雨丝。（在此，要补充的是，想不到老天和我作对，当我晚上提笔写此文时，忽然听到窗外"噼啪噼啪"的雨声，老天又下"阵雨"了。哈哈！）因为我脑中总装着"节气随笔"这回事，不翻开日历，我也知道，今天是小满！

　　在"多云到阴，有时有阵雨"的天气中，我在想一个大问题：主要是什么，养育了中华民族（甚至人类）呢？

　　我觉得，有三样是主要的，最为根本。哪三样？水，小麦，水稻。这三样，从很长很长的时间段来看，事关人的存活，也事关人的精神文化。

　　至于节气小满，翻阅历史，就能大致明白，小满和"根本三样"中的两样——水和小麦——最为相关。在中国南北文化交流中，小满成了一个小小的

◉ 听导游的，走路不看景

摄影：王薇薇

太阳启示我们，
太阳照顾我们，
我们就谦卑吧！
真没有什么可骄傲的，人类。

太阳温暖众心，
太阳啊，
您好！

太阳照顾我们，
太阳启示我们，
谦卑是一辈子的事。

"标本"：原来北方的"小满"和江南宁波的"小满"还是有着明显的差异的，这，我称之为小满正误。

查看小满正误，无意间，我们对中华民族的历史文化意蕴也许会多些感性的体认。

原来，小满，在北方，也就是过去所说的中原地带，其意是明确指向小麦，或者说明显点，是拿小麦说事。

小满是二十四节气中的第八个节气，是一个表示物候变化的节气。太阳到达黄经60度，"斗指甲为小满，万物长于此少得盈满，麦至此方小满而未全熟，故名也"。也就是说，从小满开始，北方大麦、冬小麦等夏收作物已经结果，籽粒渐见饱满，但尚未成熟，约相当乳熟后期。

古代将小满分为三候："一候苦菜秀；二候靡草死；三候麦秋至。"是说小满节气中，苦菜已经枝叶繁茂；而喜阴的一些枝条细软的草类在强烈的阳光下开始枯死；此时麦子开始成熟。《月令七十二候集解》说："四月中，小满者，物致于此小得盈满。"

在江南，很显然，小满指向的不是小麦，而是水——滋润江南的水。

南方地区的农谚，赋予小满以新的寓意："小满不满，干断思坎"，"小满不满，芒种不管"。把"满"用来形容雨水的盈缺，指出小满时田里如果蓄不满水，就可能造成田坎干裂，甚至芒种时也无法栽插水稻。因为"立夏小满正栽秧""秧奔小满谷奔秋"，小满正是适宜水稻栽插的季节。当然，在江南，更多的年景是："小满大满江河满"。比如今年，连续多日的"多云到阴，时有阵雨"，更使江南宁波显示出水的"肥沃"来。不过，坐大巴在高速公路上穿行，我注意到，人们所说的"江河满"，其实更多的是沟沟渠渠，且，沟里的、渠里的水是"小满"而不是"大满"。

奇怪，如果稍稍留心一下，你就会觉得有点奇怪：同是"小满"，为何南北有如此明显的差异呢？

互联网上也找不到现成的答案，在此，我就随意演绎演绎。

在历史长河中，有两个重要的过程。一个是小麦在中国大地上不断提升"经济地位"的过程；一个是中国先人形成"节气"观点的过程。有趣的是，这两个过程在起始阶段明显有过"紧密合作"（农耕文明，必然如此）。

大致说来，"节气"最初形成在春秋战国时期，到秦汉年间，二十四节气已完全确立（注：详细情况见附注"二十四节气'说明书'"）。而小麦的"历史演义"的情况是，商周时期，小麦已入中土，春秋时期，因为耐寒的特质被先人们所认识，于是有了"冬种夏收"的"冬麦"生产。而"冬麦"的种植，无疑是一个历史拐点，由此，小麦开始逐步确立了在粮食作物中排行第二的历史地位（唐宋时期，小麦的历史地位基本确立）。很显然，"节气"形成和"小麦"地位提升，两个历史时段契合，很自然地，"物致于此小得盈满"，找一个"小得盈满"的"代表"，最有"代表性"的，便是"小麦"了。由它充当"代表"，表现"物"的物候。于是，小麦颗粒处于"小满"光景时，节气便称之为"小满"了。或者说，节气"小满"到了，农作物也就长得形势喜人了——节气和物候"二合一"，皆是"小满"。

既然如此，那南方也有小麦，为何南方的"小满"却指向水呢？

对对历史时间就明白，"节气"观点在从北向南传播时，小麦还没有在南方扎下根来。于是，当"节气"观念传到南方后，每当"小满"节气来临之时，南方的先人，没有"小麦"可以看"满"不"满"，很自然地，他们就会去看眼前最招眼惹眼的一样东西，当然，这就是水了，田里的水，沟里的水，坑里的水……江南的富裕，富在水上，先人经清明、谷雨、立夏后，"小满"节气降临之时，他们很自然觉得"满"多少的问题，指向的就是水："小满"的水，水的"小满"。

当然，后来，小麦在南方也扎下了根占据了新的"势力范围"，在我看来，在南方，小麦也跨越了小麦"历史演义"中的第二个拐点（具体情况请参阅文后的附注"小麦的'历史演义'"）。在此，我的问题是，伴随小麦在南方的得势，为何不把北方节气"小满"中的"小麦"指称移到江南来呢？

我想，有两个方面的原因。一是习惯的力量。因为江南的人早已把"小满"当作水的"小满"，所以，当正确的"小满"指称——小麦的"小满"传到江南时，江南的"小满"早已被"水"占据了舞台。二是，水，的的确确在江南发挥着独特的作用。于是，水，因时令变化而变化就显得也重要起来，更受人关注。从文化江南的形成来说，水更是功不可没的。——这方面的论证，在此，就免了啦。

中华有麦，江南有水，在我看来，南北"小满"之正误，不能简单看作是历史的误会。如果追求意义，我们在这正误中，也一定程度上看到南北的各

◉ "垂帘听政"

摄影：张国忠

◉ 你耕田来我伴舞   摄影：王薇薇

　　自从二十四节气圆满，并最终形成中国人年去年来的生活
节律以后，中国人的光阴故事，便有了一以贯之的主旋律。
　　跟着太阳走，前方闪光明。

自的魅力，或者说南北差异的基本原因。

　　从中土中原而来的我，如今身在江南宁波工作生活，在此，也给读者留下一条有江南气息的"小满"短信吧：蚕老一个闪，麦老一眨眼，季节已经是小满，真诚为你孕个思念茧，祝福为你乘风展翅远，幸福开心这小满，快乐清凉度夏天，幸福生活到永远。

附注：

一、二十四节气 "说明书"

在春秋战国时代，中华先人就已有日南至、日北至的概念。随后，先人们根据月初、月中的日月运行位置和天气及动植物生长等自然现象，把一年平分为二十四等份，并且给每等份取了个专有名称，这就是二十四节气。到战国后期成书的《吕氏春秋》"十二月纪"中，就有了立春、春分、立夏、夏至、立秋、秋分、立冬、冬至八个节气名称。以后经过后人不断地改进与完善，到秦汉年间，二十四节气已完全确立。公元前104年，由邓平等制定的《太初历》，正式把二十四节气订于历法，明确了二十四节气的天文位置。

二十四节气是中国古代订立的一种用来指导农事的补充历法。由于中国农历是一种 "阴阳合历"，即根据太阳也根据月亮的运行制定的，因此不能完全反映太阳运行周期，但中国又是一个农业社会，农业生产需要严格了解太阳运行情况，农事完全根据太阳进行，所以在历法中又加入了单独反映太阳运行周期的 "二十四节气"，用作确定闰月的标准。二十四节气能反映季节的变化，指导农事活动，影响着千家万户的衣食住行。

由于2000多年来，我国的主要政治活动中心多集中在黄河流域，二十四节气也就是以这一带的气候、物候为依据建立起来的。由于我国幅员辽阔，地形多变，故二十四节气对于很多地区来讲只是一种参考。

二、小麦的 "历史演义"

有研究资料明确指出，小麦起源于西亚，对于中国来说，它是外来作物，大约距今5000年前进入中国，直到唐宋以后才基本上完成了在中国的定位。小麦扩张挤兑了本土原有的一些粮食作物，也改变中国人的饮食习惯，成为仅次于水稻的第二大粮食作物。

小麦在古代中国的扩张，其路线图是：始自西北，然后自西向东，由北向南。

商周时期，小麦已入中土。春秋时期，小麦已是中原地区司空见惯的作物，不能辨识菽麦成为 "无慧" 的标志。

在小麦扩张的历史过程中，我个人认为有两个拐点。

小麦的第一个拐点，是从一般作物发展成重要作物。小麦地位的提升，主要是因为它能耐寒。当初小麦由西北进入中原之时，其最初的栽培季节和栽培方法可能和原有的粟、黍等作物是一样的，即春种而秋收，也即所谓 "旋麦"。但在长期的实践中人们发现，小麦的抗寒能力强于粟而耐旱能力却不如。在中国的北方地区，冬季气候寒冷，春季干旱多风。春播不利于小麦的发芽和生长，秋季是北方降水相对集中的季节，土壤的墒情较好。适应这样的自然环境，于是便有了头年秋季播种，次年夏季收获的冬麦（宿麦）出现。冬麦在商代即已出现。据文献反映，春秋战国以前，以春麦栽培为主。到春秋初期，冬麦在生产中才露了头角。

冬麦的出现是麦作适应中国自然条件所发生的最大改变，也是小麦在中国扩张最具有革命意义的一步。冬麦出现的意义还不仅于此。由于中国传统的粮食作物多是春种、秋收，每年的夏季往往会出现青黄不接，引发粮食危机，而冬麦正好在夏季收成，可以起到继绝续乏、缓解粮食紧张的作用。

从"旋麦"到"冬麦"，小麦成功实现了巨大的"身份转变"，即从一般作物成长成了重要作物。

小麦的第二个拐点，是小麦从重要作物发展到排行老二。

有资料说，南方原先很少种麦，汉以后才逐渐向南推广。小麦传到南方后，跨越发展得益于稻麦两熟制。时间大约在宋。

原来，麦和稻的生长季节不同，只要安排得好，就可以在秋季收稻以后种麦，夏季收麦以后插秧，同一块田一年可以两熟。麦的推广并不妨碍稻的栽培面积。南方种麦后，逐渐摸索出了一套成熟的稻麦两熟制经验。北宋朱长文的《吴郡图经续记》（1084年）就说："吴中土地肥沃，物产丰富，割麦后种稻，一年两熟，稻有早晚。"后来南宋陈旉《农书》（1149年）和王祯《农书》（1313年）所说的也是稻麦两熟制。而且根据王祯《农书》的记载，南方对于种麦已有相当技术水平，单位面积产量也比较高，并不比北方差。小麦在南方得到推广，还有一个大背景。南宋初年，北方人大批地迁移到长江中下游和福建、广东等省。北方人习惯于吃麦，麦的需求量突然增加，因而麦价大涨，刺激了麦的生产。因此，麦的栽培迅速扩大开来。南宋庄季裕在他写的《鸡肋编》（12世纪前期）中说："此时一眼看去，连片的麦田，已经不亚于淮北。"

因此，我们可以这样推断，到了南宋，全国小麦总产量可能已经接近谷子（即小米、粟），或者超过谷子而居粮食作物的第二位。

另外，据明宋应星《天工开物》的估计来推算，当时小麦约占全国粮食总产量的15%多一点。这虽是一个粗略的估算，但已明白地可以看出，小麦在明代粮食作物中仅次于稻而居第二位。

如今，小麦是世界上最重要的粮食作物，有1/3以上人口以小麦为主要食粮。在各种农作物中，小麦栽培面积和总产量均居世界第一位。在中国，其重要性也仅次于水稻。自然，在历史地位排行榜上，小麦列在水稻之后，排名第二。

节气与你的性格

立夏及小满（公历5月6日至6月4日出生）

- 节气特点：天气渐热，花草树木都十分茂盛，鸟兽活动力强，但冷暖不定。
- 个　　性：活力十足，重感情，但为人较急躁，阴晴不定，容易发怒。
- 感　　情：有不服输的精神，但有时太过急躁，令人不胜其烦。

甲骨文：

耳　言

芒种：一时"芒"（亦"忙"），千年"稻"（亦"道"）
GRAIN IN BEARD

时值芒种，看忙碌之象，我不得不感叹这句话讲得太对了：中国人民是勤劳的人民。

解析"芒种"，"芒种"有义——

"芒"要忙，忙于"芒"。芒种的芒，指的是作物的"芒"，在民间，在人们的口头上，"芒"起来也就顺嘴一说便指向"忙"了——因为，有芒作物如小麦等成熟在望，等待收割，此时，农人要忙，不得不忙。

忙于"芒"，此外，还有忙于"种"——这是秋收作物播种的最后期限，没来得及种的，得抢种下去了，再晚，便是炎热的夏天了，农作物的成活率低，再补种也无大益。"春争日，夏争时"的"夏争时"，说的就是当下。

忙于"芒"，忙于"种"，此外，还有忙于"管"——春播的作物，此时不好好管理就直接影响生长影响收成。

忙于"芒"忙于"种"忙于"管"，于是，"芒种芒种样样要种""芒种下芒花，到夜不居家""栽秧割麦两头忙""收麦种豆不让晌""芒种芒

◉ 以屈原的名义

摄影：张国忠

请特别注意——"时间知识体系"。

2016年11月30日，中国节气正式列入联合国教科文组织《非物质文化遗产代表作名录》。请注意，中国申报的名称是"二十四节气——中国人通过观察太阳周年运动而形成的时间知识体系及其实践。"

种，样样都忙"。早出晚归，这便是一年中农民最忙的时候；收、种、管兼顾，这便是人们常说的"三夏"大忙季节。

蓝的天、白的云、绿的树、红的花、黑的猪、灰的狗、黄的麦、青的苗、忙的人。如果此时从乡间走过，你会发现，芒种时节亦有好景。诗人云"东风染尽三千顷，白鹭飞来无处停"。

2010年6月6日，芒种日恰逢星期天，天晴，太阳到达黄经75度。我在网上闲逛，有网友问我今天没外出吗，我回答说当宅男在家呢。又问，你忙吗？我来了一个无厘头，我说，我脑忙呢。想想也有几分歪理：敲打键盘写文章的人，脑不忙，老不忙，何来新意新文呢？芒种之日说脑忙，也算入时之举吧！有点异样的是，每个节气，宁波的报纸在天气预报栏目里大多会点到节气说道说道，可最忙的"芒种"，报纸上却没有提及。莫非，现代都市，离农忙是真的越来越远了吗？

鉴于芒种中"芒"字通"忙"，我将其合二为一，简称为：一时"芒"（亦作"忙"）。自然，一时"芒"忙一时，明白人一看，就知道后面来的就是一年丰。

芒种时节，忙这忙那，顾东顾西。但在农人心中，最重的，是水稻。

细心的读者会记得，在小满节气随笔里，我曾说过养育人类的"根本三样"——水、小麦、水稻。今天，在芒种这个农人最忙的时令中，我脑忙一阵之后，再动笔忙上一阵，说说水稻——我称之为千年"稻"（稻，也通"道"）。

持长镜头，极目远眺，先关注很远很远的远古，看万年稻，再由远及近，看千年稻，以及千年道——

在很久很久之前，水稻已来到人间。以何为凭？考古为证。

在湖南道县玉蟾岩，1995年至2000年间，考古工作者连续考古发掘，发现了距今12000年的几粒野生稻谷和距今10000年的人工栽培稻谷。真雷人，想不到万年前就有了水稻、人工栽培水稻。

很显然，这几粒"老"稻，只证明，万年前，水稻已有了；也很显然，当时的水稻，在人类可吃的众多东西中，还不过是其中的一样而已。那时，水稻还没有承担起"口粮""主食"的重任——这，还有待于人类的进化，更有待于人类在进化的历史长河中慢慢认识水稻的"魔力"、推广水稻的

"魔力"。

从万年到千年。我往下说到千年,七千年左右,这便得说到宁波的河姆渡了——当然,当时这地方并不叫河姆渡。近水楼台,为了近距离了解远古的水稻,昨天,也就是6月5日,我独自专程前往河姆渡。

河姆渡遗址,在余姚境内,距宁波市区大约20千米。在南站坐中巴车到河姆渡村,再下车走几分钟便到了河姆渡的渡口了。过渡上岸,抬眼就是那个著名的河姆渡遗址标志——"双鸟昇阳"。

一人前往,不受什么干扰,这,倒是蛮符合朝圣的心情——对供养人类的最主要的作物水稻,我们,除了知道"粒粒皆辛苦"外,还是得有点敬畏之情敬畏之举的。

在河姆渡,我看到河姆渡的水稻栽培已相当成熟(有人估算,河姆渡的谷子库存当时有近百吨,村落中总人数大约达到二百余。如果算总数,四层文化堆积,在近两千年的时段内,河姆渡这里可能先后有过数千甚至上万人在此度过一生)。虽然我们还看不出当时水稻在人们生存中占绝对主要的地位,但无疑的是,在河姆渡文化以后的历史时空中,水稻为中国人的生存和发展做出了巨大贡献。我可以这样说,自从有了水稻(特别是在大面积推广后),人类文明明显不同了(比如为争夺食物引发的战争少了),发展也明显提速了。延伸想象一下,从水稻其功甚伟的史实出发,我们不难发现,过去的江南,绝非北方文化所认为的那样是"南蛮之地""化外之地""化外之民"。从水稻向北传播推广(也向海外传播)的路线出发,我们也不难发现,中华文明,得益于南北之差异、因差异而交流、因交流而产生的巨大的活力。

自我检讨:我是中原人士,自然,我身上有意无意之间带有文化的优势感:我从中原文化的发源地而来,我的眼光自然带有登高望远的惯性。但,河姆渡遗址访古,我看到了不一样的江南,不一样的远古。单就水稻传播来说,江南就对中华稻作文化的发展有标志性的意义。虽然水稻起源等诸多问题还没有完全解决,但河姆渡在水稻发展和传播中,有显著的地位并取得巨大的作用却是无疑的。江南,可以说是水稻的"根据地"和"基地"。

历史渐近,我再往下说,说到千年之前,说到宋朝。已是"五谷之长"的水稻(注:在中原,最初的"五谷"指黍、稷、麦、菽、麻,并没有水稻)得到大面积推广,相应地,有人说,水稻改变了中国历史进程。这里,我们不

◉ 在希望的田野上

摄影：张国忠

受太阳普惠，众生须谦卑。
天圆地方，太阳照顾地球。
节气大气，气贯岁月，人知冷暖知天命。
跟着太阳走，从立春到大寒，又一年。

说别的，只看看三个根本改变之"了"。

第一个"了"：王朝长了。如果把宋朝看作小麦经济和水稻经济的分水岭，我们会发现，水稻接掌中国农业后，王朝更迭周期比过去延长了。从秦始皇到北宋建立之前，中国历时1180余年，平均每个朝代只有100多年的时间。而从北宋到清朝灭亡，一共有北宋、南宋、元、明、清五个王朝，历时950余年，平均每个王朝接近200年。

第二个"了"：人口多了。从历史上的人口数据来看，北宋以前中国人口从未超过6000万，但是北宋以后人口急剧增加，到清朝末年达到了4亿。作为人口增长的基础，主要粮食作物发生变化无疑具有决定性意义。

第三个"了"：中心南下了。北宋以前的3000余年间，中国的人口、经济集中在黄河流域。但北宋以后，由于经济重心转移到了长江流域，黄河流域的人口大量南迁，使中原地区显得相对空虚起来。南北文化交流加强了，比重调整了。可以说，中国的政治、经济格局也随之巨变。

以上极目远眺，只看水稻大概。虽如此，如此粗看水稻的历史和中华民族发展的历史，我们也会比较清楚地发现，水稻真是太了不起了。这了不起还一直延展至今。有资料说，我国水稻播种面积占全国粮食作物的1/4，而产量则占一半以上。全世界一半以上人口的主食是稻米。在亚洲，约20亿人口的生活所需的能量中，60%～70%来自稻米和它的副产品。在漫长的历史时间内，水稻是中国人所能寻觅到的最理想的粮食作物。

如今，我们大多数人已习惯了大米是从超市买来的，有意无意之间也许忽视了水稻的奇妙，但，如果我们凝神细想一下，还是会发现，水稻真是太好了，好得不能再好了。在此，我试着说一点我的认识吧。一斤稻谷500克（千粒重当作25克）约2万粒，种一亩地，可收八百至一千斤稻谷。水稻品种不一，收成也不一，一年可以种几季也不一。但水稻的收成却是相当可观的。这是现在的大致情形，古代的水稻收成虽没有现在这么高，但在那时的人们眼中，也是一样相当可观的（有资料说，那时水稻收成20倍于种子，而小麦是4倍于种子）。

当然，水稻的奇妙，并非只在收成一项上，此外还有营养丰富、容易生长、容易储藏、酝酿成酒、种植水稻的土地不需要休耕等等。《本草经疏》曰："稻米即人所常食米，为五谷之长，人相赖以为命者也。其味甘而淡，其性平而无毒，虽专主脾胃，而五脏生长，血脉精髓，因之以充溢，周身筋骨肌肉皮肤，因之而强健。"不细想不知道，一细想真奇妙。大家都自己细想吧，在此，我就不一一列举了。

"You are what you eat." 西方有如此说法，中国人也有类似说法：人如其食。水稻——给中国人当吃食万年了，当主食也已千余年了，很自然，对中国人精神和文化的制约和影响是基础性的、指导性的。一部中国文明发展史，没有水稻的贯穿，是不可想象的。对中国人来说，稻就是生命，一点也不夸张。在此，我就不展开论述了，只说，千年稻也和中华文明之道相通。《中华人民共和国国徽法》中规定："中华人民共和国国徽，中间是五星照耀下的天安门，周围是谷穗和齿轮"。（在此要说明的是，有专家指出，国徽上的图案应该是"麦稻穗"，而不是"谷穗"）——显然，国徽上的"谷穗"或"麦稻穗"，鲜明地表明了水稻和小麦在我们国家的地位、作用及影响。

总而言之，水稻的地位和作用，我简化成三字经：千年"稻"（稻，亦通"道"）。

十·夏至

夏季：来一场雨吧，越凉越快乐

梅雨"滞"，夏至"至"

THE SUMMER SOLSTICE

　　（2010年）6月17日，宁波入梅。18，19，20，到了今天，21，夏至来了。绕着说，夏至来了，宁波还远没有到出梅之时。这便是，梅雨"滞"，夏至至；夏至至，梅雨"滞"。

　　据资料记载，夏至是二十四节气中最早被确定的一个节气，夏至日亦是我国最早的节日之一。清代之前的夏至日，官府放假 3 天，名曰歇夏，民间也有歇夏、歇市的风俗。不过，这一天，我可没有歇，相反，我还加了班。当七点多走出办公室时，抬头望天，天际呈现淡淡的火烧云的样子，有趣。

　　太阳是老大（若按古代的说法，是东君），这天，老大到达黄经90度。想来，就是因为太阳老大升新位，随之带来了夏至的三点独特之处。

　　第一点，白昼最长。在天文上，夏至这一天，太阳直射地面的位置到达最北端，几乎直射北回归线，是北半球一年中白昼最长的一天，同时也是影子最短的时候。故，夏至也是昼夜变化的分界点。此后，阳光直射地面的位置逐渐南移，北半球的白昼日渐缩短。相应的，民间有语："吃过夏至面，一天短一线。"

◉ 三人行

摄影：张国忠

节气，属于农耕文明，千年辉煌。
节气，属于传统文化，陈陈相因。
节气，属于炎黄子孙，传承不怠。

第二点，盛夏之始。除了是昼夜变化的界限之外，夏至还是盛夏的起点。夏至后的一段时间内，气温将继续升高，大约再过二三十天，一年之中最热的时候就到了。所谓："不过夏至不热""夏至三庚数头伏"。

第三点，阴阳转换。我国古代将夏至分为三候："一候鹿角解；二候蝉始鸣；三候半夏生。"鹿的角朝前生，属阳，夏至日阴气生而阳气始衰，所以阳性的鹿角开始脱落。雄性的知了在夏至后因感阴气之生便鼓翼而鸣。半夏是一种喜阴的药草，因在仲夏的沼泽地或水田中出生所以得名。阴阳转换到拐点，一些喜阴的生物开始出现，而阳性的生物却开始衰退了。——如果我们多留心，中国传统阴阳理论，就这样活生生体现在我们的眼前。

说了半天夏至，但在江南宁波，夏至却"淹没"在梅雨季节之中。在此，有请大家随着我的笔，重点体会一下梅雨气象吧！我简而化之，曰：一直闷，三枝梅。

雨滞江南梅泛黄，时令到了梅雨，江南的滋味，别有一番。少男少女相戏，少男青涩，少女懵懂，一言不合，少女扬眉张目，耍起小脾气，口中不断说"讨厌讨厌讨厌讨厌讨厌……"。这"讨厌讨厌"之中流贯的便是，初夏到盛夏之间，江南人普遍品味出来的江南梅雨滋味吧？！

闷着。天闷着，似乎上天有一个盖子，到了这时节，盖子向下压来。当然，你看不到天的盖子，但你可以间接感受到，身在江南，你会明显觉得，你的状态就是闷着，一直闷着，不管老天这时是下着雨还是出着太阳，不管是白天还是夜晚，你一直会有闷着的感觉。

年年会有，不是偶然是必然，凭借资料，我试着如此解释"梅雨季节"：一面是寒带南下的冷空气，一面是热带海洋北上的暖湿空气，特别是在二三千米的低空领域，常有来自海洋的非常潮湿的强偏南气流，风速达到每秒十几米到二十米左右。每年冷暖相约长江中下游地区，有时扩大至淮河及其以北地区。冷暖初相见，早，可早在芒种；冷暖最终告别，晚，可晚于小暑（节气夏至正当其中）。在这段时期内，不是冷风压倒暖风，也不是暖风压倒冷风，冷暖空气长时间"缠绵"，致使阴雨天气持续，这就是梅雨季节了。年年大致如此，已成规律。这种气候规律性，在我国，长江中下游独有，"只此一家，别无分店"。

梅雨来了，你就得闷着，虽然闷着，但人在江南宁波，可做的、敬遵时令的有趣事，还是有很多。这入时之事，多在三枝"梅"上。

第一梅，是梅子。先是青梅，也就是梅子的青少年时期。拿青梅可以做什么呢？直接吃，当然可以尝尝，不过，太酸。间接吃，一是盐腌青梅；一是酒泡青梅。

青梅过后是黄梅。黄梅，就是梅子的青壮年时期。青涩没有了，梅子黄了，成熟了。成熟了，简单，直接拿着放入嘴中食用即可。

在此，要说明的是，梅雨季节得名于梅，主要就靠这一梅。"江南每岁三、四月，苦霪雨不止，百物霉腐，俗谓之梅雨，盖当梅子青黄时也。"唐时的柳宗元，有诗咏《梅雨》："梅实迎时雨，苍茫值晚春……"不知是先有梅子后有雨呢，还是雨先来了梅子接着有了，反正是，梅、雨，相遇的缘分有了，内在的意思相通，于是，穿越历史，"时雨"就成了梅雨了。

我想借题发挥的是，在中国文化上，有著名的"煮酒论英雄"。曹操约请刘备，"盘置青梅，一樽煮酒。二人对坐，开怀畅饮。"如今，在一个没有英雄的时代，不论英雄也罢，生活在柴米油盐之中的江南人，煮酒论家常，把酒论桑麻，也算是人生三味吧！有点疑问的是，莫非古代的人，当英雄的人不怕酸，直接食用青梅？如果英雄的嘴和凡人的嘴一样怕酸，那我就有理由疑心曹操"盘置青梅"，应该是"盘置黄梅"才对胃口的。用青梅，讲"青梅煮酒"而不讲"黄梅论英雄"，我怕只是为了成就中国文化上的"胃口"吧。如果按江南人的习俗，青梅也是可以在场的：青梅泡酒。这样吃酒吃梅，应该也算"青梅煮酒论英雄"吧！

第二梅，不是梅，而是霉，发霉的霉。梅雨连绵，空气湿度很大，百物极易获潮霉烂。因"霉"之故，人们给梅雨起了一个别名，叫作"霉雨"。明代李时珍在《本草纲目》中明确指出："梅雨或作霉雨，言其沾衣及物，皆出黑霉也。"——原来，梅雨得名，也因这一"霉"。

物发霉，人也会发霉的。先是生理不适，再是心情不爽。随着大气压的降低，人体的血压等都会随之产生变化，当空气湿度大于70%时，人的精神就容易出现疲惫、烦躁不安、极易发怒等症状。医生说，这叫作"梅躁"。玩玩深沉，依我看，这也是带文化意味的精神性疾病。在长三角一带，大概相当于油菜花开时发作的精神病。有资料说，一到黄梅天，会有约三分之一的人出现情感障碍，约10%的人会出现情绪和行为异常。——我的应对心诀或者说我的观点是（也是我的人生基本观点之一）：有点变态可以，无伤大雅，有所控制，不能太变态，就行了。

第三梅，是杨梅。梅雨虽不是从杨梅得名，但在如今的江南宁波，大量"填充"人们嘴巴的，不是梅子，而是杨梅。杨梅，不仅是吃的东西，也是忆

◉ 鱼戏莲叶东

摄影：王薇薇

　　节气，是老天形成的，人们发现的，老天身上的"生物钟"。
　　滴答，时间有节律地往前走。

江南的尤物。在此，我——一个在江南做"人客"的异乡客——就不细解杨梅了，我只想说，在我看到的众多写杨梅的文章中，王鲁彦的《故乡的杨梅》，最好。下面便是《故乡的杨梅》精华之处：

呵，相思的杨梅！它有着多么惊异的形状，多么可爱的颜色，多么甜美的滋味呀。

它是圆的，和大的龙眼一样大小，远看并不稀奇，拿到手里，原来它是遍身生着刺的哩。这并非是它的壳，这就是它的肉。不知道的人，一定以为这满身生着刺的果子是不能进口的了，否则也须用什么刀子削去那刺的尖端的吧？然而这是过虑。它原来是希望人家爱它吃它的。只要等它渐渐长熟，它的刺也渐渐软了，平了。那时放到嘴里，软滑之外还带着什么感觉呢？没有人能想得到，它还保存着它的特点，每一根刺平滑地在舌尖上触了过去，细腻柔软而且亲切——这好比最甜蜜的吻，使人迷醉呵。

颜色更可爱呢。它最先是淡红的，像娇嫩的婴儿的面颊，随后变成了深红，像是处女的害羞，最后黑红了——不，我们说它是黑的。然而它并不是黑，也不是黑红，原来是红的。太红了，所以像是黑。轻轻地啄开它，我们就看见了那新鲜红嫩的内部，同时我们已染上了一嘴的红水。说它新鲜红嫩，有的人也许以为一定像贵妃的肉色似的荔枝吧？嗳，那就错了。荔枝的光色是呆板的，像玻璃，像鱼目；杨梅的光色却是生动的，像映着朝霞的露水呢。

滋味吗？没有十分成熟是酸带甜，成熟了便单是甜。这甜味可决不使人讨厌，不但爱吃甜味的人尝了一下舍不得丢掉，就连不爱吃甜味的人也会完全给它吸引住，越吃越爱吃。它是甜的，然而又依然是酸的，而这酸味，我们须待吃饱了杨梅以后，再吃别的东西的时候，才能领会得到。那时我们才知道自己的牙齿酸了，软了，连豆腐也咬不下了，于是我们才恍然悟到刚才吃多了酸的杨梅。我们知道这个，然而我们仍然爱它，我们仍须吃一个大饱。它真是世上最迷人的东西。

唉，唉，故乡的杨梅呵。

如今，从大别山来的我，工作生活在王鲁彦的故乡江南，无疑有异乡客的身份。因为身份有"异"，于是我对身处异乡遥思故乡的文章自然多了一份别致的感应。大概这也是我认为王鲁彦的杨梅写得最好的一个原因吧！

说杨梅，在此，我还要添加一点杨梅的常识：杨梅可泡酒。杨梅酒，可说是江南的土特产了。多年异乡近故乡，我在江南十多年，此酒已是我的杯中物矣！

就这样，闷着其实也没多大关系的。尝尝青梅，吃几杯青梅酒，买几次黄梅归家，抖一抖发霉的衣衫，驱赶一下躁动的心情，过日子，从芒种到夏至。我觉得，一年一度的梅雨季节，便可以这样在岁月中轻轻划过。最后，给梅雨生活添点色彩，我赋上打油诗一首：

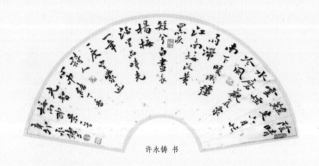

许永铸 书

阴晴难定六月茫，云烟水磨观气象。
冷风南下暖渐强，雨滞江南梅泛黄。
黑夜短兮白昼长，杨梅酒里品时光。
一年一度空蒙过，诗人心中结丁香。

注：李商隐有诗"芭蕉不展丁香结，同向春风各自愁"。南唐李璟有句"青鸟不传云外信，丁香空结雨中愁"。戴望舒有名诗《雨巷》。此，皆情结"丁香"。

芒种及夏至（公历6月5日至7月6日出生）

江湖传言

● 节气特点：这时就在端午节前后，天气炎热，而农作物也开始成熟。	甲骨文：
● 个　　性：比较热情，处事敏捷，但有时过度热情，叫人喘不过气。	耳
● 感　　情：都属型男美女，是情场上的常胜军，但有时太耀眼，令另一半不放心。	言

◉ 寂寞求来垂钓乐

摄影：张国忠

农民节气谚语

种田无定例，全靠看节气。立春阳气转，雨水沿河边。
惊蛰乌鸦叫，春分滴水干。清明忙种粟，谷雨种大田。
立夏鹅毛住，小满雀来全。芒种大家乐，夏至不着棉。
小暑不算热，大暑在伏天。立秋忙打垫，处暑动刀镰。
白露快割地，秋分无生田。寒露不算冷，霜降变了天。
立冬先封地，小雪河封严。大雪交冬月，冬至数九天。
小寒忙买办，大寒要过年。

宁波小暑要割草　全国小人放野了
LESSER HEAT

夏至　小暑　大暑

　　同样是小暑大暑天热，江南宁波却有不同。宁波传承着这样一条有地方特色的农谚：小暑割草，大暑割稻。

　　自然，宁波要割的草，也不是一般的草，而是蔺草、席草——细追究，这草里还有一篇"大文章"。

　　在此，我先说点大话空话吧。江南曾有"鱼米之乡"之称（在芒种随笔中我已谈过水稻），在中国发展的最辉煌时期（明清之际），江南"鱼米之乡"的称谓虽没有从前那么响亮，但一个更响亮的称谓来了——税赋重地（有的资料说，明清时期，包括宁波在内的江南，赋税占了全国的四分之一。在韩愈笔下，更夸张，他曾说"赋出天下，江南居十九"。居十九，就是十份占了九份呀！所以，不管唐还是明清，历史上的江南，自发达以后，税赋贡献，向来就是重的）。空话后，我再回到具体，说说宁波席草——一种对税赋有巨大贡献的经济作物。

　　宁波席草，并非遍及全宁波。"东乡一株菜（指邱隘咸菜），西乡一根

◉ 感觉"足"够好

摄影: 张国忠

夏日，看到一个学生娃穿T恤，上书"夏令营"。琢磨其意义，不就是
"夏行夏令"吗？！这可是古籍《礼记》早在N年前就提倡的一种生产及生活
"方程式"。并且佐证说夏行秋令、夏行春令又如何如何不好不妙。现今，
"夏令营"背负在身，不亦传统否？！

草"。"一根草"就是专指席草,西乡,大致在鄞西的黄古林、集仕港、高桥一带。作为经济作物,从种到收再到草制品,各个环节不仅要吃苦,而且还得有技术。别的不说,就说收割吧。

小暑时节,正是收割席草的最佳时节(注:虽说是小暑割草,但2010年,到了小暑,草早就割完了。在此,不免一叹,现在的气候真是变得有点不守老规则了)。收割席草如今还多是人力手工操作。大致有四招:一割二抖三绑四运。割,你没有腰功不成;抖,你得把长得不好的劣质席草抖出去,你手上没有劲道不成;绑,把抖剩下的席草捆扎起来,你没有腕力不成;运,把一捆捆的席草扛在肩上运到田头装车,你没有体力不成。据了解,现在宁波本地人割草的很少,大家宁愿花钱雇用临时的收割者来做,行情是一斤六分七分的样子。——这也是人力资源的社会配置,符合市场规则。

为了凸显席草的地位,我们先来看看它的前世:

距今七千年的河姆渡遗址中,出土有草席残片。

据资料,大约公元8世纪,蔺草由中国的僧人从明州传到日本……

两千年前的汉代,在北方留下了大量的宁波产草席碎片。据记载,两千多年前的西汉,古林人手工编织的草席与东北的人参齐名,已作为岁岁进贡的礼品。

据明代宝庆《四明志》记载,早在1200多年前的唐朝,古林草席已作为特产远销外地。至宋代,草席生产已具相当规模,古林成为全国草席的主要生产基地与贸易集散地,大量出口远销东南亚。至清代更加繁荣昌盛,清嘉庆年间(1796~1820年),全宁波开设大小草席销售店23家,且在全国设有多家席店,据不完全统计,大约年产草席逾一百万条。到1932年,鄞西手工织席达15000户,产量千万条。

1954年4月,周恩来总理指名要40条宁波古林生产的"白麻筋"草席,作为国礼带到在日内瓦举行的联合国大会……

看了草的前世,再看草的今生。就在前几天,宁波本地媒体(《宁波日报》7月2日)还专门刊登席草的新闻。这里节选如下:

据了解,目前,规格紧缺的外销榻榻米(草制品)每张价格上涨0.2美元至0.5美元。据来自宁波海关的统计数据表明,1月至4月鄞州区出口蔺草席310.5万张，货值1306万美元，同比分别增长11.5%和5.4%。其中4月份单月出口131.9万张，同比增长16.1%，货值525.5万美元，同比增长1.3%，创下2007年以来单月出口量、货值新高。

我市是中国蔺草主产地，也是草编制品出口日本的主要基地。近几年来，日本榻榻米需求量逐年递减。2000年日本政府对中国农产品"设限"，导致外销受挫，企业产品大量积压。

此后，我市蔺草业进入调整、转型阶段。在政府重视、行业协会的引导下，全市蔺草生产企业的数量、蔺草种植面积逐年递减。作为我市蔺草主产地的鄞州区的变化尤为明显：2005年以来，该区蔺草种植面积以每年20%的幅度递减。2009年种植的蔺草，即目前全区种植面积已减至6万亩，比4年前10多万亩缩减了近一半，而该区蔺草种植面积最多时有13万亩。同时，全市蔺草加工企业数量也从最多时的近300家，减少到如今的150家。

从小暑割草，到大致触摸这草的"脉络"，我们看到，在事物里面，在历史之中，撑起江南税赋重地之名、激活江南文化魅力的，是这块独特的土地、气候以及这块土地上人们别具一格的"生生不息"。一个字来概括：活。有"水"养，有"舌"头要吃东西，于是就"活"了。

"割"了这半天草，还是要看看时令看看今天吧。

今天小暑，7月7日，太阳到达黄经105度。暑，炎热也。小暑大暑，上蒸下煮。这，意味着大地上不再有一丝凉风，所有的风中都带着"扑面的热情"。小暑是小热，自然小热还不十分热。不过，今年的小暑另有特别之处：小暑前有暑。小暑前几天，天热得已经到了人人叫热的程度了。小暑前一晚，有一场雨，反而使得小暑微凉了一些。

小暑时节，在宁波，一般说来，自然变化中有两桩标志性的事件。第一桩是出梅。如今，出不出梅，这样的事，事前很不好确定，近年来，流行的做法是事后确定。不过，不管出梅的具体日期是哪一天，但总是围绕着小暑，要么前几日要么后几天，却是定则。第二桩标志性事件是即将入伏（注：入伏，常出现在夏至后，小暑和大暑之间。今年7月19日交头伏）。出梅虽没有确定，但可以确定的是，穿越了二十多日的梅雨已到了扫尾阶段（今年的梅雨偏

◉ 原生态草裙舞　　　　　　　　　　　　　　　　　　　摄影：王薇薇

　　节气，当我们对她有了较透澈的认识后，我们在岁月中与节气重逢，便有一种内涵丰富的重复体验。年年二十四，年年点到精彩。

长哟！后，据媒体知悉，今年7月17日出梅。这样，从6月17日到7月17日，今年的梅雨期比常年的26天多了4天。其间平均气温27摄氏度，比常年偏高0.6摄氏度。宁波市区梅雨期出现了6天35摄氏度以上的高温天气，比常年偏多1天，极端最高气温38.2摄氏度），盛夏开始，气温升高，入伏矣。顺时之举，伏和藏联在一起，称为藏伏。"隐伏避盛暑也"。道理是，入伏，人体阳气也最旺盛，这时节，人们更应注意劳逸结合，同时减少顶着日头外出或选择早、晚温度相对低时外出，避暑气以保护人体的阳气。这便是"春夏养阳"之法。

节气节气，转动的是自然之气，小暑时转动的是"暑气"。在暑气流转之中，最具时令特色的人文风景是全国学生放假了。宁波把小孩叫小人，和"宁波小暑要割草"相对应，我接着串联起来，便是——"全国小人放野了"。

记得我当"小人"时，我们暑假玩，大人会说一句话："玩得忘了姓吧？"或者说："放假，这下放羊了。"（在我河南老家，放羊有放野之义）。自然，放野，就是把上学时没有玩的玩个够，这玩个够，一则当时就收获痛快，二则将来受益。小时会玩，将来也会更具想象力，更有创造力，也就是我们现在所说的开拓创新意识了。

时代不一样了，如今的"小人"的玩有新花样。我家有"小人"，上五年级。这里，姑且让他作为"小人"代表，我旁观记下一点观察。另外，也添加一点我对教育的基本想法。

老早几天，我家"小人"就考完了终考。这一考完就没事，学校也不用去，他就开始玩。7月4号回校搞休学式，嘿，休学式回家后，他就开始算起日子来了，今天是假期第一天，今天是假期第二天，今天是假期第三天……不用问，听口气就知道，他算的可都是黄金时光。

假期就是假，这是根本的。假就是玩，这也是根本的。——我想，这是"小人"的想法。对家长来说，流行的趋势是，并不这么想。家长们，特别是城市中"小人"的家长，他们多想的是：趁着假期把什么什么功课给补一补。不信，暑假还没到，满大街布满了这学习班那学习班的"灿烂"广告，另外，还加无孔不入的手机短信广告。

别的家长怕"小人"玩，我不怕，野也由他野，我却另打算盘。作为家长，我在假期的指导思想是，玩要玩好，学要学少。我安排的"少"在两项

◉ 蜜蜂来，莲花开

摄影：张国忠

节气，
是中国"法定"的作息时间表，
敬遵时令便是达人。

上。一是二胡。二胡，我家少爷学了好几年，看样子，不理想。所以我想利用假期整块的时间集中提高一下。具体方法是，每周一或两天放在二胡老师家里去，这样集中学习，应该有明显成效。二是，学太极剑。俗语说，"老要张狂少要稳"。少年如何学稳，我的引导之术就是太极。从前，我已"引诱"着他学会了陈氏太极老架一路，这个假期，我鼓励他早起，学会吃点苦，到儿童公园去学太极剑。可不，他挺上心，还没有几天，太极剑就舞得有了样子。一个假期，有两项大进步，且符合我认为的正确教育方针。乐乎哉！

　　野，由他野去。网，由他上去。

十二·大暑

夏季：来一场雨吧，越凉越快乐

大暑：割稻弗割说闲话，多少惶恐因变化？
GREATER HEAT

小暑　大暑　立秋

　　天道有常。天冷、天热，天长、天短……这些变化，如约而来，按律而去。这些变化，这些常规变化，年复一年，人们感受了，体会了，也习惯了。不管什么新的常规变化，如果晚到了一点点，人们会说：怎么还没有到呢？

　　2010年7月23日，今年的大暑到了。当然一同到的，还有大暑节气应有的变化。在我眼中——

　　太阳每天都是新的。到了大暑，太阳不仅是新的，也是厉害的。

　　厉害的太阳是白太阳。当你抬头看它时，你会发现炽白的太阳，还有圆圆的太阳放射出来的炽白的射线。当然，你不能直视她，扫一眼便得转向。不过，当你眼睛放平放眼望去，你又会发现厉害的太阳的无数的"闪光点"——太阳光落到反射性强的物体之上（城市里最常见的便是汽车了），当炽白的射线和你的眼光成一定角度时，在你眼中，便是一个耀眼的"闪光点"了。当一排排汽车趴行在马路上时，那些"闪光点"连成了串串。真是灿烂之极。

　　今年的梅雨期一过（7月17日），老天的"心情""豁然开朗"。前天

◉ 小网捞大海

摄影：张国忠

节气，
是老天爷每年颁布的二十四道圣旨，
遵旨，便是达人。

坐车时，一个玩摄影的朋友对我说，这些时，多抬头，白天有闲云，夜里有繁星。可不，到了大暑日（2010年7月23日），媒体也关注起来了。《宁波晚报》在头版上来了个图片报道《天空真透》，后面还有文字说明："昨天，甬城上空朵朵白云飘浮在蓝天，空气显得特别通透。据市环保局公布的城市空气质量日报，近一周来，市区有5天的空气质量为'优'，另两天为'良'，特别是昨天，空气污染指数仅为27，空气质量是近两个月来最好的。"

大暑，一年之中最热的节气，"大暑，乃炎热之极也"。在二十四个节气中，大暑排行十二。此时，太阳到达黄经120度。大暑期间之所以炎热，一方面是受副热带高压稳定控制，另一方面地面白天从太阳光中吸收的热量多于夜间散放的热量，热量不断积累，到大暑期间，所积累的热量达到了顶峰。要说人在天地之间的感觉，那便是一个字"蒸"。宁波大暑这天的气温是27℃至35℃。如果有雅兴，此时亦是看荷花的最佳时候，诗人有佳句"映日荷花别样红"。

根据历法，五日为一候，大暑有三候："一候腐草为萤；二候土润溽暑；三候大雨时行。"第一候，陆生的萤火虫产卵于枯草之上，卵化而出，所以古人认为腐草为萤——萤火虫是腐草变的；第二候，天气开始变得闷热，土地也很潮湿；第三候，时常有大的雷雨降临，这大雨使暑湿减弱，渐渐地，时光向立秋靠近。——对人的感官来说，最明显的是，早晚爽，好爽！尤其是在白天中午高温的衬托之下。

常规变化，人们习以为常，多半会处变不惊的：每年都等着你来，你来了我适应就是了。但，变的，不是只有常规的形态，还有新变、突变、大变化、带根本性质的变化。而这些变化，人们除了别扭不适应之外，还有一份惶恐常在心中缠绕——

比如，宁波俗语"小暑割草，大暑割稻"，如果我们多些细心，就会发现情况起了较大变化。割草的事不说，这里只说"割稻"：如今的割不是从前的割，甚至没得割了；如今的稻也不是从前的稻了，甚至宁波有些村落减少到没有的程度矣（下面会具体说明）。——于此，我不免要说起闲话来。这便是割稻弗割说闲话了。

有关水稻的变化，在我眼中，有这样几样，我列举如下：

——插秧，如今，不怎么"插"了，而是用抛秧机抛了。据宁波市农机局信息：宁波早稻机插面积和机插率居浙江第一。今年宁波市早稻机插面积为15.07万亩，比上年同期增加77.3%，占浙江省总机插面积的29%，机插率超过50%，机插面积和机插率居浙江省第一。当然，伴随着效率大大提升，弯腰、面朝水田背朝天的标志性生产形态，也越来越少见了。

——大暑，大部分早稻还没有达到九成熟，但收割却已开始啦！中国宁波网讯：昨日上午（7月22日），鄞州区姜山镇蔡郎桥村的一大片稻田里，响起了收割机的隆隆声。市农业技术推广总站负责人告诉记者，预计到月底，全市早稻大部分可收割进仓。据介绍，由于今年天气不好，早稻平均亩产将低于去年。早稻生产表现为"一增二减"，即面积增、单产减、总产减。昨天上午，鄞州区姜山镇的种粮大户卢方兴率先收割早稻。

——割稻是割稻，但割稻客不见了。从前的时光，时令一到，头戴草帽、肩担行李、手提割稻工具的割稻客，三五成群，坐在桥头或大树下，等候雇用。然后是田间地头，割稻客忙碌辛苦的身影。如今越来越难以见到这道江南农村风景了。旧的不见了，新的来了。新的就是新型收割机。购买了收割机械设备的农民，哪里有需求就驾车将设备运到哪里，帮助主人家收割稻子，效率比以往的割稻客提高了几十上百倍。

以上的变化，让我们看到，水稻从种到收，越来越不像农业，而像是工业：每一步都恰似工业生产流水线上的一道工序。这就是传说中的现代农业吗？

大暑当天，我下乡走了走。发现，大棚里种稻。当然，种稻时，大棚是敞开的。塑料大棚多是种植蔬菜类的，为何把水稻独出心裁种在大棚里呢？嘿嘿！你一定不知种水稻的目的所在。我直说吧，是为了改良土壤哟！如果只种一种作物，几年下来，土壤就没了肥力，种植的东西也会出现怪问题。间或杂种一季水稻，就是良方。近日读书，在一本书上，我看到，大自然中的多样性是多么的妙哟！知晓种植水稻的新用途时，我不由得一惊。

大致判断，在宁波，伴随着改革开放的步伐，宁波水稻的种植呈现越来越少的趋势。自然，传统的农民也越来越少了。活跃在农田的主力军，叫种粮大户。有趣的是，种粮大户多是外来的。那，原来传统的农民如今在干啥呢？有的还忙在土地上，在种其他更能带来经济收益的东西了；有的已不再忙农事了，在做工什么的。最根本的是，他们，就是住在农村，过的生活，已不再是

◉ 依 靠

　　跟着节气小步走，走着走着，春天来了，夏天来了，秋天来了，
冬天来了。我们中国人的光阴就这样优雅地欢度——多美好呀！

农民的生活了，他们在过渡，在朝着居民、市民的生活方式转换。

所有这些——水稻生产的变化以及围绕水稻生产变化的相应变化，如果我们"跳高一点"来看，就会发现我们正处在中国社会结构、城乡结构大变化之中。农业每进步一点，如农业工具改进一些，就意味着，农人挣脱土地的捆绑多了一点自由的空间，同时，也意味着人和土地之间的亲密接触或者说亲密关系减少了一分。如果说从前农业的发展是蜗牛式的话，那么改革开放以来农业的发展就是兔子快跑了。——工业化的成果也深入到农耕文明，进而也改变了农耕文明的面貌。这种变化，是全国性的，要说有区别，江南宁波，依我看，表现得更明显或先行一步罢了。离土地越来越远了，离自然也越来越远了。这是历史的必然。尤其是在如今的时代，处在这种变化最激烈的时段。所以带来的另一方面的问题也不可回避，这就是人们越来越惶恐了。这种惶恐，除了农民，也包括我们这些早已习惯于城市生活的都市人。这种状态，就像蹦极一样，突然一下子被抛到空中，上不碰天，下不着地，且，要命的是，速度，极短的时间内，你被"蹦"了好长的距离，这距离就是"落差"。玩蹦极是玩一下，刺激。但在生活中，这样持续的"蹦极"状态，让人持续地"惶恐"着。——这，就是我们这个时代的人所面临的最大的一个问题。在此大背景下，我们——早已不是农民的我们，接触土地感受土地气息越来越少的我们，在心里永远有一份对土地的眷念。带着这份感情，在惶恐之下，我们来细细品味两首有关土地的诗吧。

诗人臧克家，有一本诗集《泥土的歌》。他在《泥土的歌》的《序句》中这样写道：

> 我用一支淡墨笔，
> 速写乡村，
> 一笔自然的风景，
> 一笔农民生活的缩影：
> 有愁苦，有悲愤，
> 有希望，有新生，
> 我给了它一个或栩栩的生命，
> 连带着我湛深的感情。

好，看了诗人臧克家的说明，让我们试图进入诗人的状态，再来品味他的名作《三代》：

> 孩子　在土里洗澡；
> 爸爸　在土里流汗；
> 爷爷　在土里埋葬。
> （笔者注：在新的背景下，重读《三代》，一定会生出新的意蕴！）

离土地越来越远了，离自然也越来越远了。我们要时不时回望，我们要不断提醒我们自己：土地是我们的根本，是我们的母亲。在"惶恐"之中，让我们进入诗歌，再次感受大地母亲的恩泽。这次，是诗人郭沫若的佳作！

地球，我的母亲！ （节选）

> 地球，我的母亲！
> 天已黎明了，
> 你把你怀中的儿来摇醒，
> 我现在正在你背上匍行。
>
> 地球，我的母亲！
> 我背负着我在这乐园中逍遥。
> 你还在那海洋里面，
> 奏出些音乐来，
> 安慰我的灵魂。
>
> 地球，我的母亲！
> 我过去，现在，未来，
> 食的是你，衣的是你，住的是你，
> 我要怎么样才能够报答你的深恩？
>
> ……
> 地球，我的母亲！
> 我的灵魂便是你的灵魂，

我要强健我的灵魂，
来报答你的深恩。

地球，我的母亲！
从今后我要报答你的深恩，
我知道你爱我你还要劳我，
我要学着你劳动，永久不停！

地球，我的母亲！
从今后我要报答你的深恩，
我要把自己的血液，
来养我自己，
养我兄弟姐妹们。

地球，我的母亲！
那天上的太阳——
你镜中的影，
正在天空中大放光明，
从今后我也要把我内在的光明，
来照照四表纵横。

亥·节气与你的性格

江湖传书

小暑及大暑（公历7月7日至8月6日出生）

- 节气特点：古时是皇室或有钱人避暑之时，而一般人在烈日下也显得懒洋洋。
- 个　性：多半是木讷而温顺的好好先生或好好小姐，但做事往往"慢半拍"。
- 感　情：急的时候很急，但热情过后却满不在乎。

甲骨文：
耳言

摄影：石佳朦

立 处 白 秋 寒 霜
秋 暑 露 分 露 降

秋
AUTUMN

秋神·蓐收

　　蓐收为秋神，左耳有蛇，乘两条龙，是为白帝少昊的
辅佐神。有人说蓐收为白帝之子，还有人说他是古代传说
中的西方神名，司秋。据《淮南子·天文篇》载："蓐收民
曲尺掌管秋天……"也就是说他分管的主要是秋收科藏的
事，所以望河楼前有"蓐收之府"牌坊。少昊与蓐收，既
是父子又是君臣，故两座牌坊同时在西岳庙出现。《山海经》
又说："蓐收住在泑山。"这山南面多美玉，北面多雄黄，在
山上可以望见西边太阳落下的地方，那时的光气也是圆的。
管太阳下去的神叫红光，据说就是蓐收。

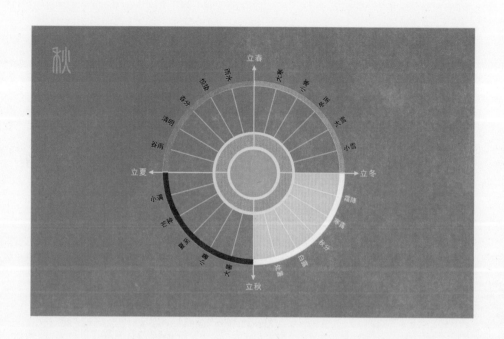

秋·六个节气简要说明

立秋：8月7日或8日，草木开始结果，到了收获季节。

处暑：8月23日或24日，"处"为结束的意思，至暑气即将结束，天气将变得凉爽。由于正值秋收之际，降水十分宝贵。

白露：9月8日前后，由于太阳直射点明显南移，各地气温下降很快，天气凉爽，晚上贴近地面的水汽在草木上结成白色露珠，由此得名"白露"。

秋分：9月22日前后，秋季过了一半，同春分一样，此时阳光直射赤道上，地球上南北半球受光相等，昼夜长短相等。

寒露：10月8日前后。此时太阳直射点开始向南移动，北半球气温继续下降，天气更冷，露水有森森寒意，故名为"寒露"。

霜降：10月23日前后为"霜降"，黄河流域初霜期一般在10月下旬，与"霜降"节令相吻合。霜对生长中的农作物危害很大。

秋行秋令，盛德在金，农乃登谷。

秋行冬令、春令或夏令，天逆人背，寒热不节，民气解惰。
——意随《礼记·月令》

十三·立秋

秋季：天高云淡，望断南飞雁

立秋盼秋，飕飕凉意好发呆

THE BEGINNING OF AUTUMN

　　盼春盼的是春光无限好，盼秋——我不知道别人有没有盼秋之意，不过我有——盼的是秋爽。为什么？临近立秋，江南宁波，连着好几天晴热高温，就连我这个曾经在火炉武汉"烤验"过三年的"钢铁战士"，也感叹这气温实在是太高了！因为写作节气随笔，所以我深知立秋在即，前几日好几次跟朋友家人说：到这周六就立秋，立秋就会好起来了！

　　媒体也有民本思想，也关心起民生关注起高温来了。《宁波晚报》在8月6日刊登天气预报："明天立秋，高温暂缓，宁波下周还以晴热为主。"

　　明天，就是二十四节气中的立秋了，眼下这两天高温暂缓，但真正的秋天离我们还早着呢。据市气象台预测，下周，本市依旧以晴热乃至酷暑天气为主。

　　昨天，受来自海上的偏东风影响，连日来的炎热之气减弱不少，市区最高气温为34.2℃，这是自上周末以来甬城最高气温首次回落到35℃

◉ 彩虹映江南

摄影：张国忠

为什么岁岁年年花相似？因为节气标示着时间的重复性。
为什么年年岁岁人不同？因为我们一直好奇也一直在成长。

这一高温线以下。据预报，明后两天，甬城也不会很热，最高气温在34℃左右。（记者 张海华）

　　盼立秋，立秋来了说立秋。今年立秋为8月7日22时49分，这时，太阳运行到黄经135度。变化是缓慢的，立秋到了，江南宁波仍是一副夏日景象，最明显的感受，只是天气凉爽了些，不过，只在早晚时段。农谚曰："早晨立了秋，晚上凉飕飕""立秋一日，水冷三分"。古人将立秋分为三候："初候凉风至，二候白露降，三候寒蝉鸣"。一候为5天，立秋15天，逐渐变凉。总体来说，立秋过后，天气变凉是自然趋势，"肤轻松"是人间体验：爽。

　　秋，在中国，不仅是自然的，也是文化上的。在文化中，中国秋有三个方面的意象。

　　一是丰收的意象。一个词就足以道明：秋收。"秋"字由禾与火组成，表示禾谷成熟的意思，立秋也就意味着禾谷开始成熟。因此，《历书》中说："斗指西南，维为立秋，阴意出地，始杀万物。按秋训示，谷熟也。"《月令七十二候集解》中也说："秋，揪也。物于此而揪敛也。"

　　二是忧愁的意象。一句名句就足以入心：秋风秋雨愁煞人。逆着历史之河向前，还有："悲哉，秋之为气也！萧瑟兮，草木摇落而变衰。"——这是宋玉在《九辩》中，面对秋风生发的感慨。《九辩》以来，悲秋就成为中国古典诗赋的传统主题。女词人李清照《一剪梅》，另有一番滋味：

　　　　红藕香残玉簟秋。轻解罗裳，独上兰舟。
　　　　云中谁寄锦书来？雁字回时，月满西楼。
　　　　花自飘零水自流。一种相思，两处闲愁。
　　　　此情无计可消除，才下眉头，却上心头。

　　三是诗意的意象。"晴空一鹤排云上，便引诗情到碧霄。"在中国，浪漫的诗句不少，但像这样乐观、阳光的诗句，恐怕并不多吧！

　　时光在流逝，逝者如斯夫。到了如今，这三个意象，说浪漫一点，已羽化成了中国人的文化基因。有了秋的三个意象，便有了秋的意蕴，或者说中国秋的文化。不过，对生活在坚硬现实中的人们来说，这基因只好由其暗自潜伏——要发酵可能尚欠火候。对我来说，三种基因不规则搅和在一起，我的表现跟低智商似的，我发呆了。嘿嘿！这也算对上了时令跟上时代时尚吧！在江南宁波，发呆的理想场所，我认为是在老外滩。

宁波老外滩，这地方适合发呆，其缘由在于"老""外""滩"。一"老"。1844年开埠，有人说比上海外滩还早20年。沿着江边，外国领事馆、天主教堂、银行、轮船码头一字排开，几乎记录了宁波开埠的整段历史。这些建筑，至少有100多年历史。二"外"。老外滩开埠，其因在"外"，其兴也在"外"，宁波老外滩是"五口通商"中最早的对外开埠区。当然，因"外"，随着历史的巨变也具有沧桑之意蕴了。三"滩"。滩，由海水、河水搬运积聚的沉积物堆积而形成的湿地地带。宁波外滩，位于甬江、奉化江和余姚江的三江口，由三江之水潮起潮落润濡而成。

跟着感觉，如今，站在老外滩的江边，倚在栏杆之外，立秋之时，傍晚时分，抬头看天，看着星星看着云，这时，想或者不想，神已经不在了——良辰美景，最宜发呆，最易发呆。

顺着发呆的思路，我跑远一点，我认为：江南好，最妙在发呆。中国文化"呆"出名的，俗文化中有呆头鹅梁山伯，雅文化中有贾宝玉。有趣的是，这两位的"呆"多"呆"在男女之情上。我们来看宝哥哥的表现吧！（梁山伯，宝哥哥，这两位，都是得江南山水之精的奇男子哟！）

《红楼梦》第57回，宝玉去看黛玉，黛玉正歇午觉，宝玉不敢惊动，便与回廊上的紫娟谈起来，因看到紫娟穿的衣服单薄，便伸手摸了一把，嘱咐她小心病着。紫娟说道："从此咱们只可说话，别动手动脚的，一年大二年小的，叫人看着不尊重。"说完紫娟就走了，宝玉见了这般景况，心中忽浇了一盆冷水一般，只瞅着竹子发了一回呆，滴下泪来。

第58回，贾宝玉去瞧林黛玉，拄拐从沁芳桥一带堤上走来。只见一株大杏树上叶稠阴翠，已结了许多小杏。看到"绿叶成荫子满枝"，贾宝玉马上想到"邢岫烟已择了夫婿一事"。再联想到"杏树子落枝空"，岫烟"乌发如银，红颜似槁"，贾宝玉伤心起来，对杏流泪叹息。正悲叹时，一个雀儿飞来，落于枝上乱啼。"宝玉又发了呆性"，想到雀儿的声韵"必是啼哭之声"。（注：宝哥哥的这两段，系我从网上搜来，基

◎ 渔歌唱晚

摄影：王薇薇

　　二十四节气，给一年又一年的光阴标注，于是，内心有了一圈又一圈的年轮。太阳照顾，众生谦卑。

本没动。特此说明）

为了让读者及时进入发呆的状态，我这里从网上搜来两首歌曲。

发 呆

词曲：林智强
原唱：范文芳

坐在这里　脑袋空白
不懂自己看着什么
最近常常不知所措
心不在焉为了什么
我在发呆（需要被打扰）
发呆　我在发呆（太习惯现在）
发呆 umm……
期待冒险　新的体验
需要心跳加速改变
坐在这里　到底为了什么
我在发呆（需要被打扰）
发呆　我在发呆（太习惯现在）
发呆 umm……
不想只是想想而已
这样发呆　为了什么

立 秋

词曲：高晓松
原唱：筠　子

你坐在椅子上　看着窗外流过的光
你伸出双手　摸着纸上写下的希望
你说花　开了又落　像是一扇窗
可是窗　开了又关　像爱的模样
你举着一枝花　等着有人带你去流浪
你想睡去在远方　像一个美丽童话
那本书　合了又开　飘落下梦想
我们俩　合了又分　像一对船桨
总要有些随风　有些入梦
有些长留　在心中
于是有时疯狂　有时迷惘　有时唱

处暑：暑气到此为止　台风遥遥无期
THE END OF HEAT

　　今年的暑，可真折腾人。如果要寻觅夏日共识的话，那么今年夏天晴热高温应该是宁波人的首选：今年，老天热起来有点脱离江南宁波的规律，不过，考虑到在全国范围内的泥石流等气象灾害不时发生，宁波多热一下、更热一点也符合大气候。诗人曰：太平世界，环球同此凉热。

　　好在，到了今天，到了处暑，时令将"暑"给处理掉了，老天再也热不到哪里去了。

　　处暑又称暑退，这时气温最适于人体，因此令人觉得很舒适。陆游有两句诗："四时俱可喜，最好新秋时"，这是对处暑的最好描绘。

　　处暑，是暑气结束的时节，"处"含有躲藏、终止的意思，顾名思义，处暑表明暑天将近结束。《月令七十二候集解》曰："七月中，处，止也，暑气至此而止矣。"这时的三伏天气已过或接近尾声，所以称"暑气至此而止矣"。全国各地也都有"处暑寒来"的谚语，说明夏天的暑气逐渐消退。但天气还未出现真正意义上的秋凉，此时晴天下午的炎热亦不亚于暑夏之季，这也

◉ 彩虹桥

摄影：张国忠

　节气是天气地气人气
　　——三气合力推动的乾坤阴阳轮。总在流转，总是圆满。

就是人们常讲的"秋老虎，毒如虎"的说法。这也提醒人们，秋天还会有热天气的时候，也可将此视为夏天的回光返照。著有《清嘉录》的顾铁卿在形容处暑时讲："土俗以处暑后，天气犹暄，约再历十八日而始凉；谚云：处暑十八盆，谓沐浴十八日也。"意思是还要经历大约十八天的流汗日。这时太阳黄经为150度，历书记载："斗指戊为处暑，暑将退，伏而潜处，故名也。"

立秋过后，大家就明显感觉到昼夜温差加大。而处暑过后，昼夜温差将进一步加大。

我国古代将处暑分为三候："一候鹰乃祭鸟；二候天地始肃；三候禾乃登。"此节气中老鹰开始大量捕猎鸟类，并且先陈列如祭而后食。接着天地间万物开始凋零，充满了肃杀之气。

中国宁波网讯　今天是农历二十四节气中的处暑，该节气的到来意味着"暑气至此而止矣"。据市气象台预报，未来一周我市将以多云天气为主，最高气温在33～35℃。

昨天我市最高气温34.7℃，午后还是让人有闷热感。据市气象台预报，本周我市还将维持一段这样的天气，以多云为主，时有阵雨，最高气温在33～35℃。

气象专家说，传统二十四节气一般是根据黄河中下游地区的物候进行归纳总结的，对于处在长江以南的地区来说，夏秋转换要比节气慢一拍，且由于受夏季风控制，"秋老虎"也仍可能肆虐，因此有民谚说"处暑还是暑，好似秋老虎"。特别要提醒大家的是，处暑后太阳的紫外线辐射指数较大，不能因为天气凉快疏忽了防晒而伤了皮肤。

尽管白天气温还是很高，但早晚气温却有明显下降，昼暖夜凉，昼夜温差开始增大。（《东南商报》记者　石承承）

在"暑"偏长的今年，身处沿海的宁波人，有意无意之中会有这样的期待：今年，怎么台风没有来呢？年初的时候，气象部门曾有过"四个台风"的预报，但至今一个也没有。在晴热高温之时，人们是多么希望来次台风扫一扫暑气啊！有鉴于台风乃江南寻常之"客"，在此——暑气即将解决之际，我对台风来时的情景来幅素描吧！

◉ 小河淌水

摄影：张国忠

太阳在苍穹，
太阳顾苍生。

白天或者夜晚，
太阳都在那里，
照顾着众生。

太阳万岁！
万万岁！
太阳照顾地球！

台风雨素描

在头脑正常状态下，我在想，"颠"是怎么一回事呢？

也翻过字典，还是有点闹不清楚。不去管它，我来自作主张阐释"颠"吧！

颠，是一个动作。颠和倒常常连说，但颠不是倒。倒是常规的、在人意料之中的倒，而颠，是非常规的、出人意料的倒。比如成语颠三倒四，你仔细揣摸一下，就有些意会了。——至于"颠"的本义是什么，且不去管它。"颠"，依我看，就是这样一种非常规的、出人意料的动作。

如果是人，在大街上来这么个"颠"的动作，就是狂颠或颠狂了。也可以用一个字：癫。这是一个状态。偶尔玩玩，那是发脾气或说有个性耍酷。如果总是癫，那就是病了——癫痫。不好治。

如果是老天，在江南来这么个"颠"的动作，就是台风雨了。如果"颠"得厉害或"颠"的次数过多过频，那就是灾害了。

风带威雨带响。台风雨常常劈头盖脸向行人打来。当然，是急急的，一阵阵的。

有这样的诗句："东边日头西边雨。"台风雨，在某种程度上，和这样的诗意相似。不过，台风雨时，天上很少见日头。常见的是，这块地下着台风雨，不远处那片天却清明着。如果抬头看天，还可以看到天上急急奔走的云。这样的台风雨，就是大家常遭遇的台风雨。

更大更猛也更"颠"的台风雨，是人们不常见识的。原因倒不只是因为更大更猛的台风不常来，更人性的理由是大台风来时，人们最好最妙的顺天之举是退避。一避，就少了见识超级台风雨的机会了。当然，在沿海生活的人们，却是深知超级台风雨的气势的：风声凛冽雨声响当当。此时，就是你躲避在家中，风声雨声声声入耳，也会不由生出敬畏天地之心来的。

有趣的社会现象是：在台风雨中，雨伞最容易受伤害乃至牺牲，雨衣最管用且能保护人体的主体部分不湿。但，人们、绝大多数的人们，舍雨衣而取雨伞，何也？是雨伞的花色多迷人，还是雨伞的张扬之姿切合人性的飞扬意识呢？有一个美丽的解释是这样的：雨衣一穿，再好看的衣服也给穿没了，像个企鹅。

我从山中来。什么山？大别山。自然，我见识的是山雨。也自然，山雨和台风雨有着极大的不同。和台风雨有些近似的是山中的阵雨。不过，据我客居宁波的经验，我知道，阵雨，还是讲规矩的，或者说，讲究起承转合的。而台风雨，不讲章法，胡来乱来，是出人意料的阵雨。

说来说去，台风雨的脾性就一个字，癫。台风雨的症状就是：癫来癫去。

秋·节气与你的性格

立秋及处暑（公历8月7日至9月6日出生）

江湖传言

甲骨文：

耳言

- ● 节气特点：在古代，立秋后是五谷丰收及祭祀谢天的时节。
- ● 个　性：属于多才多艺的领袖，充满自信，但有时会让人觉得不易亲近。
- ● 感　情：不愁找不到另一半，但时常会因为不服输而导致冷战或吵架。

白露：不着意时最惬意
WHITE DEW

二十四个节气，如果让我挑选最好的，我个人觉得是：白露。

为什么？

春天之前的节气，我们的心性向上，诗人盼春，农民播种，这无疑是耗体力费心劲的。夏天，暑热，热得闹心，热心难宁，走过立秋，还有秋老虎。有些节气，人们还得视为正儿八经的节日，还得闹腾着过。一年之中的二十四个节气，大都各有各的闹人闹心之处，只是到了白露，才是全心全意的好，好到恰到好处。就是秋老虎没有走远，还在扫尾巴，但也热不到哪里去，风，吹起来，哪怕是微风，也是凉爽宜人的。气候、气温，这是我喜欢白露的一个原因。

我喜欢白露最入心的原因，当然不是这个，而是，白露的好，好在并不招惹人的注意——不向你要热闹，不闹人；不向你要民俗礼物（如，立夏要蛋、清明烧纸），不闹心，而又体贴爽快，正如可心的妹妹，在没人处，轻轻唤我一声"哥哥"。

朋友说我"安心在白露的不温不火恬淡中做自己开心的事"。想想也

◎ 窗 外

摄影：张国忠

　　二十四节气，是二十四颗闪亮的珍珠。岁月流转，中国人的光阴，恰似精彩的项链，在美人项间闪耀——光芒。

对，再想想，不对了，做事，我怎么可能达得到这样安心安神不温不火的高级境界呢？不过，如果说把它当作人生的一个哲学境界，一个人生努力的目标，倒是"甚合我意"的。

白露，是一年二十四节气中第十五个节气，在每年阳历9月7日或8日，太阳达到黄经165度。历书记载："斗指癸为白露，阴气渐重，凌而为露，故名白露。"顾名思义，白露是气温渐凉，夜来草木上可见到白色露水的意思。

从气候规律说，从全国范围来说，白露时节，夏季风逐渐为冬季风所代替，多吹偏北风，冷空气南下逐渐频繁。与此同时，太阳直射地面的位置南移，北半球日照时间变短，日照强度减弱，夜间常晴朗少云，地面辐射散热快，温度下降速度也逐渐加快。《礼记·月令》篇记载这个节气的景象："盲风至，鸿雁来，玄鸟归，群鸟养羞。"这是说，白露这个节气，鸿雁南飞避寒，百鸟开始贮存干果粮食以备过冬。

从人的感受来说，天气开始转冷，曾经的威风暑气已经没了，气候凉爽，就连自来水管里的水，也多了凉意，街头的"膀爷"也少到几近无。对于一般人来说，早晚得留意穿衣问题了，至少不能再赤身露体了。俗话说："白露身不露。"当然，变化之中最好的风景在空中：我国大部分地区天高气爽，云淡风轻。对此，我的直观评价是：白露，一个不热不冷、不慌不忙的大好时光。

今年（2010年）的白露是9月8日，我一翻日历，发现这一天还是阴历八月初一。秋老虎还在耍威风摆尾巴，人们还在叫着"热"。

早上我七点出门上班，在路上，我刻意留心了一下马路边上的野草，有点失望，我没有发现露的影子。想想也对，这时的太阳，已经很阳光了，就是草上有白露，也早就羽化成仙无泪痕了。

上班，趁着空当，我整理2000年以前发表的作品的目录（2000年以后的目录，早已弄好）。这一整理，我却发觉我的路在纸上、在文字上，在翻检文字中，片刻之间有恍惚，从前写文章时的那份独特的人生体验又回到了心间，酸甜苦辣，百味杂陈。当然，与此同时，回顾这些发表的文字，心里也平添一份小得意、小成就——具体如何，我就不展开了，我当个人隐私来爱护来保护好了。

白露，虽然"甚合我意"，但展望起来，还是别有情结的。杜甫《月夜忆舍弟》就发生在"白露"，诗人吟诵："戍鼓断人行，边秋一雁声。露从今

◎ 一片红叶一寄托

摄影：陈黎明

　　把节运气中国人。因为节气，先人找到了春夏秋冬之奥妙；因为节气，文人找到了春花秋实之欣喜。因此，也可以因为节气，当下你我找到自在从容之自信；也可以因为节气，当下你我找到舍我其谁之豪迈。

夜白，月是故乡明。有弟皆分散，无家问死生。寄书长不达，况乃未休兵。"
我在想，社会发展，离家的人，越来越多了，离家的人当中，虽然并非每一个人都会去关注节气关注夜降白露，但白露前后，人们多半会很自然想到：中秋快到了，该吃月饼该团聚了。——没有离家的中国人，自然也会想到的。更自然，我这个离家十几年的异乡人，更有情结，心在纠结。

人说愤怒出诗人，我说纠结出打油诗。逢白露，作打油诗一首。

时光如水白露凝，秋实不丰心不宁。
人生自古谁无憾，几多少年成伟人？
且看白云飘晴空，且听佛音绕经纶。
不着意时最惬意，闲读诗书慢著文。

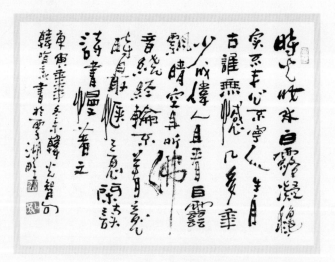

书法 韩以晨

艺术家就是有可爱之处。韩以晨先生，写起书法来，写完一幅，我猜，他一定在画室内得意了一阵。一阵后，又觉得还有艺术空间可以施展，于是又写了一幅。

因为两次写的都是"白露"，我就有点困惑了：这两幅作品，叫书法双黄蛋好呢，还是叫书法双胞胎好呢？

你看这事整得，都半夜，叫什么的问题，不是把人整得睡不着吗？

不整名称了。还是说点个人评价吧。"姐妹俩，任何一个比另一个更美"。就这评价哟。

秋分悄悄分阴阳，中秋喧喧意味长
THE AUTUMN EQUINOX

一个低调的，遇到一个高调的，于是大家只听到高调的调了。秋分碰到中秋，就是这样的情形。

如今社会，关心节气的人很少，在不太受人关注的节气中，秋分被关注得更少。这便是秋分的低调。时序更替之中，秋分"尽职尽责"，丝毫不因"被关注少"而懈怠半分。

"秋分"与"春分"，是二十四节气中"相对而出"的"二分"。这"二分"，可以理解成把一年的时间切成两半，把白天夜晚、阴和阳分成两半。故有"时值二分，日夜两平分"之说。即每年到了"春分"或"秋分"，白天和黑夜是一样长的。响应阴阳力量变化消长的节点，中国古代应时而做祭日祭月。古书云："春分祭日，秋分祭月，乃国之大典，士民不得擅祀。"——从"不得擅祀"的口气，我们可以探得历史的气息："上有所好，下必甚焉"，老百姓也行动起来了。如今，官方倒没有祭日祭月之礼，反倒是民间在传承着敬畏之意。

2010年的秋分，在9月23日这一天，太阳到达黄经180度，阳光几乎直射赤道，此日后，阳光直射位置南移。按《春秋繁露·阴阳出入上下篇》云："秋分者，阴阳相伴也，故昼夜均而寒暑平。"过了秋分，夜，越来越长了。

　　秋分在节点上。今年这个点，让人感觉深刻——气温陡降10℃左右。白天，不加衣不行了；晚上，不盖被冻人了。报纸上的天气预报是"今天阴有小雨，偏北风3~4级，气温20~23℃"。这，不仅让人念叨"一场秋雨一场寒"，而且让人觉得，宁波，从夏天，一夜之间，就到了秋天了。

　　秋分，古人分为三候："一候雷始收声；二候蛰虫坏户；三候水始涸"。古人认为，雷是阳盛使然，秋分后阴气升腾，所以，老天爷打不起雷了。第二候中，随着天气变冷，蛰居的小虫开始藏入穴中，并且用细土将洞口封起来以防寒气。第三候"水始涸"，是说降雨量开始减少，水汽蒸发快，天气干燥，湖泊与河流中的水量变少，一些沼泽及水洼处干涸起来了。

　　秋分低调，中秋高调。调，高到什么程度呢？高到，本来是秋分名下的祭月大事，也转到中秋的名下了。不信，我们来看两则祭月的新闻吧。第一则是：西安"复原"唐朝中秋祭月仪式，从祭者均为女子（新华网陕西频道 9月23日 电）。标题就直接标明是"中秋祭月"。

　　第二则新闻是宁波本地的：宁波镇海祭月踏歌。说的也是9月23日这天的事，也明摆着表明是中秋祭月了（注：我将宁波本地这则新闻附于文后。另外，追加说明，如今这类名为民间的民俗活动，其实都有官方背景，有官方支持，算是官民合办新模式吧！）

　　有点奇怪吧？也许有读者突然生疑起来：9月23日，是秋分，阴历是八月十六了，已过了中秋，怎么这天的事，还算是"中秋祭月"呢？

　　列位看官，有所不知，宁波的中秋，过的不是八月十五，而是八月十六。这里，我长话短说，简述一下有关传说。这个传说传的是：宁波人南宋宰相史浩，雅号"鄮峰"，是个孝子，因替岳飞平反而深受百姓爱戴，平日都在杭州为官，每逢中秋都会从杭州返回宁波陪母亲过中秋节。有一年，史浩返乡途中马失前蹄，耽误了一晚，八月十六才到家中，百姓手捧月饼也就一直等到十六才过中秋。凑巧的是，史浩的母亲也恰好是十六生日，于是宁波人八月十六过中秋的习俗就这样流传了下来。清朝诗人袁钧在《鄮北杂诗》中描绘的就是宁波人过中秋的场景："鄮峰寿母易中秋，七百年中俗尚留。从此非时

◉ 泾渭分明

摄影：石佳朦

都市韵律

星期，约定的是工作节奏；
节气，厘定的是生活韵律。
现代都市人，
在时间的"积木"游戏中，
积累起人生的意义——或者，人生的无意义。

来竞渡，家家十六看龙舟。"（有关宁波十六过中秋的传说还有不少，这里只简介一个。）

中秋，这么大的、全国性的约定俗成的民俗节日，怎么宁波人说变通就给变通了呢？就为这，我说点我的观点。在我看来，一个地方，其地域性、民风等有软硬两面，如果只看到软的一面，没有看到硬的一面，你对一个地方的了解就不到位。兼顾，看到了两面，且硬、硬在哪些方面，软、软在哪些事情上，我们就对地域性有了更深的了解。宁波是商城，讲究把生意做成，于是善于妥协达到一致，这是明显的一面。但，连习俗都敢改动一下（这里是调整一下时间，还不算改），你说，这气势硬不硬？——不再往下说了，再说这文章就跑远了。

闲话少叙，再入正题。这里，让我再一次把低调的秋分和高调的中秋放在一起，做一番名称之辩：秋分和中秋，到底有何区别？

从字面上说，秋分就是把秋分开，中秋就是秋季的中间。这，很让人糊涂：秋、分开，秋、中间，这不是一回事吗？更让人糊涂的是，现实情形似乎是，你不解释我还罢了，你一搅和，我反而觉得张冠李戴起来。这样一混乱，当秋分、中秋放一块，最聪明的人也朦胧起来了。

我的解释是：秋分和中秋是两股道上跑的车。

秋分分的是阴阳，所依的根据是太阳的位置。我们知道，二十四节气——当然包括秋分——是根据太阳在黄道（即地球绕太阳公转的轨道）上的位置来划分的。秋分时，"阳在正东"，太阳到达黄经180度，阳光几乎直射赤道。这是根本。四季的变化，就因太阳在运转。这也是秋分能表征季节变化的决定因素。

中秋，是从阴历而来，阴历以月亮为心。阴历以月亮圆缺一次为一个月，共29天半。为了算起来方便，大月定作30天，小月29天，一年12个月中，大小月大体上交替排列。由于阴历不考虑地球绕太阳的运行，因此使得四季的变化在阴历上就没有固定的时间，它不能反映季节。

话说到此，也许有人会追问：中秋是从不能反映季节的阴历而来，那为何带"秋"呢？我个人的观点，这里有点历史的误会，还有模糊哲学之道、历史传说之妙。一句话，都是月亮"惹"的"乐"。

我猜，八月十五的月亮太神圣也太美了，于是有了人们特别的关注。其脉络是，先是贵人闲人赏月，后是大众望月——从个体行为艺术到群体艺术；先是赏月休闲，后是月饼团圆——节日的内容，围绕月亮做文章，越来越丰富了。总之，先有节日的内容，后有节日的名称，先有别人节日名称，后有中秋的节日名称。

《周礼》载："中秋夜迎寒。"——自然，这里的中秋，不是节日的名称。

魏晋时，"谕尚书镇牛淆，中秋夕与左右微服泛江"。——这应该是贵人闲人的行为艺术吧。

唐朝，中秋节才成为固定的节日。名称有：八月节，八月半，月节，月夕，团圆节，等等。当然，中秋节这名称也在其中。《唐书·太宗记》记载有"八月十五中秋节"。唐韦庄《送李秀才归荆溪》曰："八月中秋月正圆，送君吟上木兰船。"

南宋人吴自牧在《梦粱录》一书中说："八月十五日中秋节，此日三秋临半，故谓之'中秋'。此夜月色倍明于常时，又谓之'月夕'。"——据说，这是史上第一次对中秋节作明确记载的。

到了明代，《西湖游览志余》中说："八月十五谓中秋，民间以月饼相送，取团圆之意。"——用八月十五来解释中秋，我们可以明显探知，中秋之名，是"后起之秀"的。另外，这个"后起之秀"比别的名称更"秀"一些，我觉得，还跟汉语偏好双音节词等特点有关。中秋，中秋，你多读几遍就知道，用中秋，很顺嘴也很顺耳的。

因为中秋节越来越火，于是，祭月这样的大事，在官方祭演变成民间祭的历史变迁中，也很自然地从秋分之祭模糊成了中秋之祭了。明《帝京景物略》中也说："八月十五祭月，其饼必圆，分瓜必牙错，瓣刻如莲花……"

中秋之名立了以后，就有相应的"追问"解释了。且看：根据我国的历法，农历八月在秋季中间，为秋季的第二个月，称"仲秋"，八月十五又在"仲秋"之中，所以称"中秋"。——我想想，也是讲得通的。

在"中秋"的脉络或历史中，我们不难明白，本来是秋分祭月，也在岁月流转中，不知不觉转到高调的"中秋"名下了。——在历史传说之妙中，我们可以体会出中国特有的思维和特有的传统。这也是极有意义的。

◉ 我打江南走过

　　看到且记得，才叫经过，才叫历练。跟着太阳走一年，
人生，就这样丰富起来。

◎ 月圆是中秋

摄影：王薇薇

二十四节气是老天爷按时颁布的二十四道圣旨。遵旨而行，便是中国人。

附新闻：

宁波镇海祭月踏歌　古人这样过中秋

乌云遮挡了甬城的中秋月，但昨晚一场华丽汉服、纯正国礼的祭月大典和月下踏歌，却给这个中秋平添几分古韵。祭月、踏歌，在全国最大的明清民居建筑群之一的镇海郑氏十七房举行，缠绵于青砖黑瓦之间，人们感慨："传统中秋，好久不见！"

三上香、颂祭文、三拜月、三祭酒……昨晚8时半，祭月大典伴着盛唐之风缓缓走来。中秋祭月始于周代，至唐宋时流行，因其完整体现"敬天、礼地、爱人"的中国传统文化，成为重要习俗。在场的观众也忍不住上前体验，市民李德有模有样地对着天空默念许愿。"以前只在电视或者书上看过祭月大典，现在身临其境，感受古人的望月情怀。"

庄重的祭月大典礼毕，一群衣袖飘飘的女子踏着轻快的节奏舞动，还拉着观众一起加入，4个外籍学生也情不自禁起舞。不一会儿，小小的舞台成了一片欢歌笑语的海洋——这，正是中国传统的舞蹈"月下踏歌"。宋《宣和书谱》云："南方风俗，中秋夜，妇人相持踏歌，婆娑月影中，最是盛集。"它是一种"相抱聚蹈""踏地为节"的集体歌舞活动，至今盛行于中国少数民族地区与周边国家。

"月下踏歌，在传统中秋习俗中，是人和月亮沟通、亲近的体现，表达了人们美好的夙愿。"来自乌克兰的留学生玛丽说。她两年前曾在西安师范大学学习过中文，今年9月再次来到中国，在上海师范大学中文系攻读博士。

赏月听曲原是宋人的情怀，郑氏十七房的古韵中秋带你穿越时空，品味宋人的浪漫。"良辰美景奈何天，赏心乐事谁家院……"昆曲折子戏《游园惊梦》鸿音亮起，华丽典雅的文辞、清俊婉转的曲调、细腻真切的表演，让观众如醉如痴。

无论是月下踏歌，还是祭月大典，活生生地出现在舞台上，这是上海师范大学民俗学博士生导师翁敏华教授的成果，所有节目都是她带着研究生团队，按传统习俗精心编排的。"我们只想还一个明静而传统的中秋给国人，这是民族的血脉和共同记忆。"她透露，今年正在策划中秋节申请"世界非物质文化遗产"。

（来源 浙江在线－浙江日报　作者 陈醉　报道组 张寒　2010年09月24日）

白露及秋分（公历9月7日至10月8日出生）

- 节气特点：夏天已过，取而代之是秋的凉意，是个充满诗情画意的枫红时节，也带凄美的感觉。
- 个　　性：大多有张惹人怜爱的脸孔，让人忍不住要多看一眼，意志坚定，勇于进取，但较易钻牛角尖，自我中心。
- 感　　情：是个充满柔情的好情人，容易令人陶醉。

寒露：白天不懂夜的黑
COLD DEW

昼夜交替，光阴如梭，黑兮白兮，白驹过隙。到如今，寒露矣。

寒露，是寒来了露出了么？突然之间，觉得这时节的白天和黑夜，不正恰似一首旧歌所标示的那样：白天不懂夜的黑。

白天不懂夜的黑。说不懂，非天不懂，乃人不懂也。天地有大美而不言。有时，天地变化太快，人们挤进都市，尘世中忙碌的我们哪有闲工夫停下脚步专事揣摸光阴的隐喻呢？！

大多睡着了，哪知夜里的光阴也是一寸寸地过的。人们不懂的是夜的黑。寒露的天，黑得更早，人们更加不懂那段更长光阴的黑。

那凝结水汽的寒露，是夜晚来的，可我们很少亲见寒露如何降临，就是降临后的样子，我们也越来越少见识到（另加一笔，作为例外：国庆长假中，我徒步楠溪江，睡帐篷夜宿江畔。傍晚在山间看星星，也算体悟到寒露降临时的夜吧）。且，我们对寒露还有误解。

节气白露到时，有点古典文化底子的人，也许会有点迷茫："蒹葭苍

◎ 寒露印象

摄影：张国忠

苍，白露为霜。所谓伊人，在水一方。"伊人，见到见不到，是另一回事，诗中的"白露为霜"却是毫无踪迹的。白露当天，有人跟我说起，早晨起来，望着大日头已爬上了天边，不禁心中一阵好笑：何来白露为霜。记得当时我给她的解释是，所谓"白露为霜"，其实是寒露为霜。

到了寒露，资料上显示北方会有初霜，具体有没有，或者说"北"到什么地方有，我也不知道。我知道的是，在宁波，寒露确乎无霜。

人们不懂的是夜的黑，寒露当天，人们也难耐白天的骄阳。两头冷中间热。中间的热，热的是，临近中午，太阳的脾气突变，到了中午，骄阳的火力，如中国女排的"短平快"，杀伤力极强。避其锋芒，躲在房间不要外出才是上策。

今年的寒露，踩在点子上了。过完国庆长假，2010年10月8日，上班第一天，且是阴历九月初一。按照《中国天文年历》，今年寒露准确时间为10月8日17时26分。

热与冷交替，寒露，在二十四节气中排列十七，太阳到达黄经195度。寒露是深秋的节令，在二十四节气中最早出现"寒"字。此时气温下降，露水更凉。《月令七十二候集解》说："九月节，露气寒冷，将凝结也。"寒露的意思是气温比白露时更低，地面的露水更冷，快要凝结成霜了。通俗地说，白露是炎热向凉爽的过渡，寒露则是凉爽向寒冷的转折。故民谚有云："白露身不露，寒露脚不露。"有人说，寒是露之气，先白而后寒，是气候逐渐转冷的意思。

我国古代将寒露分为三候："一候鸿雁来宾；二候雀入大水为蛤；三候菊有黄华。" 此节气中鸿雁排成一字或人字形的队列大举南迁；深秋天寒，雀鸟都不见了，古人看到海边突然出现很多蛤蜊，并且贝壳的条纹及颜色与雀鸟很相似，所以便以为是雀鸟变成的；第三候的"菊始黄华"是说在此时菊花已普遍开放。

黑白交替，天地自有其内在的谐和旋律。这是我看了一则新闻后的感悟：2010年10月9日，宁波一媒体在头版上刊登了一则美的新闻。

标题是《"水墨"残荷》，其实是一张照片。

照片的文字说明是："10月8日，月湖水面上映出的残荷犹如一幅水墨画。当天是二十四节气中的寒露，表示气温下降，露水更凉，宁波昼夜温差拉

◉ 乐观人的生活印象

摄影：石佳朦

　　立春、雨水、霜降、小雪⋯⋯这些名字、这些美妙的名字，把一年的日常点缀得鲜亮起来。

大，公园里各种植物也呈现出秋色之美。"

如果要让我评论，我要说的是，对大多数人来说，白天不懂夜的黑，对少数慧心人来说，光阴在夜晚的痕迹化作了白天人们所看到的寒气增长万物逐渐萧索之际的天地之美。这便有了秋景图，这便有了"水墨"残荷。诗人苏轼在杭州咏叹：荷尽已无擎雨盖，菊残犹有傲霜枝。

这样说来，白天也懂夜的黑。——不懂的是忙忙碌碌的人们吧？！法国雕塑家罗丹说："生活中从不缺少美，而是缺少发现美的眼睛。"

文不够，诗来凑。最后附上打油诗一首。诗题：甬上寒露。

乍寒还暖夜已凉，水汽成露近重阳。
风光无限眼前菊，风情暗度桂花香。
年华虚度驹过隙，也有懊恼在心房。
甬上人家小乐胃，小碟酱醋品蟹黄。

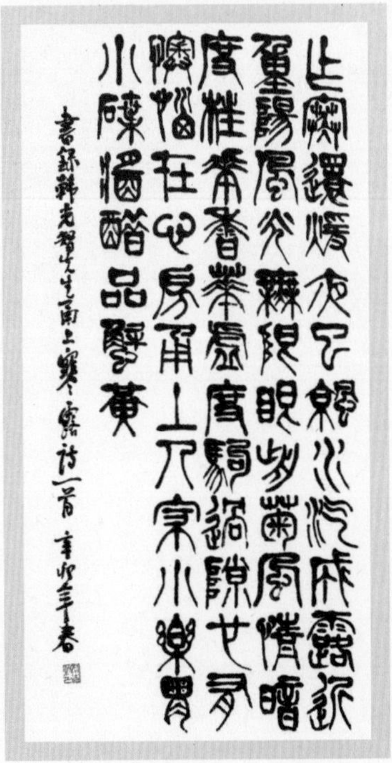

书法 蔡先政

◉ 读书不觉双鬓斑

摄影：石佳朦

把节气串起来，才叫光阴，
把光阴串起来，才叫人生。
节气物候有定式，
节气生活有定力。
年年岁岁花相似，
岁岁年年人不同。
中国人有态度，中国人有温度。

霜降：拐了，拐了，一场秋雨降秋寒
FROST'S DESCENT

先是一点点地变，一点点积累多了，突然之间来了一个突变。从哲学角度说，这叫从量变到质变。今年节气寒露后的天气变化，很严格地符合这个规律，到了今天，天气突变，一股寒流一场秋雨，仿佛是老天有意提醒忙碌的人们：今天是霜降矣。按小品口气说，老天变天，拐了，拐了……

具体到今年，老天"拐"的蛮力，来自寒潮和"鲇鱼"。

霜降前一天就有预报。预报说"今秋最强寒潮袭击中国，局部大到暴雪"。

中新社 北京 10月22日 电（记者 阮煜琳）中国将遭今年下半年以来首场寒潮猛烈袭击，伴随着大风天气，中国将出现大范围的剧烈降温，局部地区降温甚至可达14~18℃，西北、华北、东北等地雨雪交加，局部地区还将遭遇大到暴雪。中央气象台22日发布寒潮蓝色预警。

霜降这天，"鲇鱼"来了。在剧变的天气中，人们更关注着天气报道。网

◉ 人约黄昏后

摄影：张国忠

　　春行春令，夏行夏令。秋行秋令，冬行冬令。恰似——少年做少年的事，青年做青年的事，中年做中年的事。心安了，便好和四季同步。

络上的即时新闻在说：今年第13号台风"鲇鱼"已于10月23日12时55分在福建省漳浦县沿海登陆，登陆时中心附近最大风力13级。

无疑，老天"动刀子"了。不用吃惊。因为，时令到此，老天主杀，理应"动刀子"。所谓寒潮，所谓台风，不过是老天适时祭出的"大规模杀伤性武器"而已。当然，"大规模杀伤性武器"是"非常规武器"呀！

那，这时节，老天的"常规武器"是什么呢？

这问题，先放一放吧。我们还是先来看一看节气霜降有何意指。

2010年10月23日，太阳到达黄经210度，时为霜降。霜降是秋季的最后一个节气，是秋季到冬季的过渡节气。再往前走，冬就立起来了。

"气肃而霜降，阴始凝也。"古籍如此解说。可见"霜降"表示天气逐渐变冷，露水凝结成霜。《月令七十二候集解》亦说："九月中，气肃而凝，露结为霜矣。"此时，中国黄河流域已出现白霜，千里沃野上，一片银色冰晶熠熠闪光，此时树叶枯黄，在落叶了。

我国古代将霜降分为三候："一候豺乃祭兽；二候草木黄落；三候蜇虫咸俯。" 此节气中豺狼将捕获的猎物先陈列后再食用；大地上的树叶枯黄掉落；蜇虫也蜷在洞中不动不食，垂下头来进入冬眠状态中。

以上，以黄河流域为准，以古书为准，到了宁波，情况有所不同。比如今年，就是前几天，人们的普遍感觉多是，早上是早春，乍暖乍寒，中午是盛夏，骄阳似火，到了傍晚，就在人们下班回家的一转眼之间，就到了夜晚。也就到了真正的秋天了。

就是到了霜降这天，其实也是没有霜的（四明山，有没有，我一时难以断定。觉得应该有。此处存疑）。受台风影响，早晚都很冷，温差有，但人的感觉一直冷，并没有落差之感。绝对没有两天前"早春，中午夏，傍晚秋"的气象了。

霜降，虽然没有霜，但，宁波离老天降下霜来已不远矣！（距离真正的有霜，大概还得一个月吧。）在此，我也愿意，也不得不说说秋霜——因为，在我看来，这时节，霜便是我前面放下未表的老天的"常规武器"。

对万物来说，秋的意旨，主杀。除了突然来的寒流和台风（我称之为"非常规武器"或"大规模杀伤性武器"）外，最常规的主杀武器就是夜间暗暗降下的寒霜了。

"常规武器"之"常规"，其理在于，夜夜前来，日甚一日。民间曰："霜降杀百草。"

◉ 女蛟龙入东海

摄影：王薇薇

不过，与其说"霜降杀百草"，不如说"霜冻杀百草"。霜是天冷的表现，冻是杀害庄稼的敌人。由于冻则有霜（此外还有黑霜。所谓黑霜，是指在春、秋季农作物生长的时期内，土壤表面和作物表面的温度下降到0℃或0℃以下，使作物遭受冻害的现象），所以把秋霜和春霜统称霜冻。

有人曾经试验：把植物的两片叶子，分别放在同样低温的箱里，其中一片叶子盖满了霜，另一片叶子没有盖霜，结果无霜的叶子受害极重，而盖霜的叶子只有轻微的霜害痕迹。这说明霜不但危害不了庄稼，相反，水汽凝结时，还可放出大量热来，1克0℃的水蒸气凝华成水，放出汽化热是667卡，它会使重霜变轻霜、轻霜变露水、免除冻害。不过，现实和实验是不一样的。在现实中，结霜了，霜化了，第二夜又结霜了，第三天又化了……如此折磨，再说霜能免除冻害，就显得不合现实了。

严霜打过的植物，一点生机也没有。这是由于植株体内的液体，因霜冻结成冰晶，蛋白质沉淀，细胞内的水分外渗，使原生质严重脱水而变质。"风刀霜剑严相逼"说明霜是无情的、残酷的。其实，霜和霜冻虽形影相连，但危害庄稼的是"冻"不是"霜"。

霜降时节，北方大部分地区已在秋收扫尾，即使耐寒的葱，也不能再长了，因为"霜降不起葱，越长越要空"。

人法自然。所以，在中国人的意识里，在历史长河的陶冶下，有了"秋后用兵"和"秋后问斩"等惯例。似乎和这相对应，在宁波，清代有"迎霜降"习俗，此日驻宁波的浙江提督率兵士以金鼓、军器开道，自提督署至大校场，祭军牙六纛之神。入民国，此俗废。

虽然秋主杀，但在文化的主要承担者——诗人文人那里，却另有一番境界。比如，沙场秋点兵——一股英雄豪迈不言自明。比如，风刀霜剑严相逼——情至穷途何以堪。到了现在，有短信。这里置一短信如下：

霜是雨的相思，雨是云的情怀，云是风的追求，风是水的温柔，水是梦的流淌，梦是心的呼唤，心是我的问候。霜降快乐！

寒露及霜降（公历10月9日至11月8日出生）

- 节气特点：深秋时节，大地萧瑟，是个渐有寒意且干燥的季节。
- 个　　性：不认输，富同情心，做事态度认真，是个讲信用的人。
- 感　　情：是个可倾吐心事的对象，可惜对感情事不太灵敏。

摄影：张国忠

立 小 大 冬 小 大
冬 雪 雪 至 寒 寒

冬
WINTER

冬神·玄冥（禺强）

　　玄冥，表示冬天光照不足、天气晦暗的特点。禺强（玄冥）是传说中的海神、风神和瘟神，也作"禺疆""禺京"，据传为黄帝之孙。在神话体系中禺强（玄冥）被认为是人面鸟身，两边的耳朵上各悬一条青蛇，脚踏两条青蛇（亦有说法曰其坐骑为一条双头龙），形象颇为怪异。据说禺强的风能够传播瘟疫，如果遇上他刮起的西北风，将会受伤，所以西北风也被古人称为"厉风"。

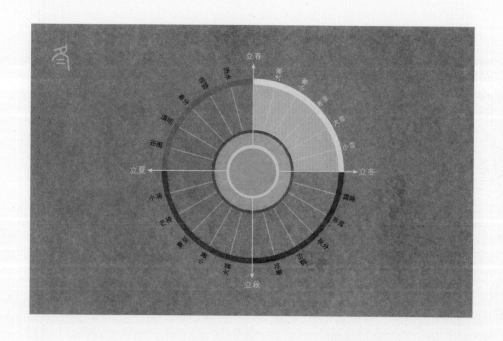

冬·六个节气简要说明

立冬：每年11月7日前后。立冬表示冬季开始，作物已收割贮藏，农事完成。

小雪：11月22日前后为"小雪"节气。北方冷空气势力增强，气温迅速下降，
降水出现雪花，但此时为初雪阶段，雪量小，次数不多，黄河流域多在
"小雪"节气后降雪。

大雪：12月7日前后，此时太阳直射点快接近南回归线，北半球昼短夜长。

冬至：12月22日前后，此时太阳几乎直射南回归线，北半球则形成了日南至、
日短至、日影长至，成为一年中白昼最短的一天。冬至以后北半球白昼
渐长，气温持续下降，并进入年气温最低的"三九"。

小寒：1月5日前后，此时气候开始寒冷。

大寒：1月20日前后，一年中最寒冷的时候。

冬行冬令，盛德在水，循行积聚。

冬行春令、夏令或秋令，天逆人背，水泉咸竭，国多固疾。
——意随《礼记·月令》

立冬：立下天地之美的另一个基调
THE BEGINNING OF WINTER

　　一年四季，季季"立"为首。立春、立夏、立秋，如今到了立冬。想一想，前面三立，没问题，到了第四，冬前有个"立"，可能错了吧？！

　　春天，天天向上，立春，确然；夏天，骄阳如火，立夏，亦确然；秋天，阳气虽渐降，但依然威风八面，且丰收沉甸甸，让人豪迈意气风发，秋前立，也立得住。而冬，大地走向萧条，怎么能把一个"立"字加于"冬"之前呢？——我就是抱着这样的念头步入"立冬"的。大家都知道，冬天是"败"的开始，"败"中会有"立"吗？或者说，到底是什么东西在这个时节"立"起来了呢？

　　外示繁复变化之美，内有转换乾坤之力，冬之"立"亦确然。立冬，"立"了、"立"下了天地之美的另一个基调。

　　大自然"收拾起"春的萌、夏的浓、秋的爽，摇身一变，唱起了一曲更多声部、更多内涵、更多指向的曲调。从此往后，便是冬了。——在此，我要说的是，如果你不留心、你不细心，那么，除了越来越冷的感觉之外，冬，对

◉ 如 秋

摄影：陈黎明

　　一只猴子掰玉米，掰一个，又掰一个……一共掰了二十四个。是为了找到最大的那个玉米棒子吗？

　　非也。是为了把二十四个玉米串起来，悬挂在粮仓之中。

你来说，什么也没有。

而我，体会到这一点，是置身于真的大自然之中。慢慢品呷冬的气息，突然之间，我明了，四季的最后一季的第一个节气，大自然昭示给我的旨意，便是敞开怀抱，放开心灵，迎接另一种天地大美的适时而来！

我的体会分两次。一次是立冬前一日，一次是立冬后两日。几天之内，同一座大山，我爬了两次，很明显，我在认真探寻大自然变化中的奥妙。第一次，我体会到立冬有"立"意。但立下的是什么，欲言无声，一时语塞。第二次，我的体会加深，明白立冬立下的是一种美的基调。

由此，我才断言，最后一季的天地大美，我看到了，我感受到了，我也能说出来了。

说出之前，我还要特别提示，我体会立冬，是在我的老家河南信阳市新县。虽然，新县可能有许多人并不太清楚，但提到几个人，大家一定不会太陌生。许世友——新县是许将军的家乡；徐向前，张国焘——新县曾是红四方面军根据地，是鄂豫皖苏区首府所在地。新县，地处大别山腹地，曾经在岁月中迎接过挺进大别山的刘邓大军。

新县县城西边有一座大山，很大的大山。从前我们都叫它西大山，如今取新名，号称将军山，也挺贴切的。大约一两年前，政府作为，从山脚开始铺设石条台阶直达山顶。于是爬将军山，攀爬抬眼即见的大山便成了一个崭新的时尚，自然也是新县一个旅游开发的全新亮点了。——说名人也好，说名山也好，说历史也好，无非是铺垫一下——我要说到的立冬的"立"意，和这些有着精神上的相似或相通之处。这一点，我是在一台阶一台阶攀登、在东望望西望望之中感受到的。（注：写完此文后不久，老家传来消息，说西大山仍叫西大山，改名为将军山的是另一座山。我犯了一个美丽的错误。记之。）

2010年11月6日，立冬前一日，周六。我们一行四人去爬西大山，秋色，大地，石级，还有人流。时，气温高达二十多度。天地之间，立冬"立"意，迎面而来。

——在山道上，我们碰到一位父亲带着同一个四五岁模样的儿郎，那父亲看小儿努力登山，温情鼓励：坚持就是硬道理，坚持就是胜利。

——一群高中生，在半山腰石桌周围团聚，高声喧嚣，歌声时时泛起。那是青春的气息。

——在山道附近，在杂草掩映下，有映山红出挑入眼，还有花，新开的。虽不似春时那般鲜艳，但一样红着。

我看到了，我感受到了，是我第一次爬山的主要收获，收获的同时，我也迷惘了：立冬时节的立意，我却说不出来。

立冬后两日，2010年11月9日，我一个人再爬西大山，因为是周二，上班的上班去了，忙的人忙去了。一路上，我没有碰到几个人，在上山下山三个小时当中，大多时候，我是一个人，在大自然中，安步当车，悠然。那种体验，有没有禅意，我不敢确定，但，在慢步行进中，我更能感觉到冬的静，冬的简约。很具体很细节很鲜活。言不尽意，落笔便是：

——我碰到了松鼠。它从山路的下边冲到山路的上面。它没有怎么吓着我，我也没怎么吓着它。

——我看到松树绿黄相间，还有挂在松树上完全脱水干掉了的松针，层次分明分外别致。当然，还有更多的松针们已落入大地，和其他树木杂草相混杂相和谐，融为一体了。我听到了大地上落叶脱水干掉收缩时发出的"瑟瑟"的冬之声。

——在山顶，我看到树木们低着身子，几棵松树树顶折了、光了。那是站在高处的代价，亦是站在高处的精神。当然，也是一年一年的冬，留下的岁月痕迹。

——静静地，我抬头望天，看到一只老鹰在天空中静静地飞。过了一会，它"呱呱"地叫起来了。

——在尘世中，有乐观悲观之说，有乐观和悲观之分，在大自然中，可没有这两观。落叶满阶红不扫。——何来乐观，何出悲观？！天地有大美而不言也。

——冬阳，特别是立冬前后的，特别是今年的，特别是我故乡小城的，我觉得极像邻家小妹，温和贴身温暖心，不晒皮肤不恼人。

——看到几个鲜红的大片叶子在丛林之中，我突然想到，这冬季的美，就像初吻，热情似火，虽无章法，却又自然而然。错杂繁多凋零之美。冬，在萧杀的同时，也酝酿着新一轮的生机。混沌之中，无边落木，不尽春意。冬天立了，春天还会远吗？

天地之间，只有我，只有松鼠，只有老鹰，只有松树，只有松涛，只有

◉ 红花须插满头归   摄影：陈黎明

受太阳普惠，众生须谦卑。
天圆地方，太阳照顾地球。
节气大气，气贯岁月，人知冷暖知天命。
跟着太阳走，从立春到大寒，又一年。

映山红……

是的，是的，我看到了，我感觉到了，立冬"立"意，我可以说出来了——立冬，立下的是天地之美的另一个基调。

有了这个基调，在乍暖还寒、乍寒还暖的交替中，在阴气上升、阴阳激荡中，我们可以踩着季节的步伐，仔细欣赏从繁杂到简约变化过程中的一个系列的天地之美。

自然，会有梅花的，等待，也许今冬会有雪花的。诗人说：梅花欢喜漫天雪。

附录：

立冬：太阳到达黄经225度。中国古代将立冬分为三候："一候水始冰；二候地始冻；三候雉入大水为蜃。" 此节气水已经能结成冰；土地也开始冻结；三候"雉入大水为蜃"中的雉即指野鸡一类的大鸟，蜃为大蛤，立冬后，野鸡一类的大鸟便不多见了，而海边却可以看到外壳与野鸡的线条及颜色相似的大蛤。所以古人认为雉到立冬后便变成大蛤了。不过，在宁波，立冬前后，多是一派秋天景象。

小雪：灰蒙蒙兮天欲雪　阴冷冷兮人加衣
LESSER SNOW

立冬　小雪　大雪

太阳转到黄经240度，2010年11月22日，节气"小雪"。

今年的节气小雪，真有小雪的"范儿"。弱冷空气来袭，天，虽偶有阳光，但蒙蒙的天色大致不变。虽在江南，这架势，小雪依旧是小雪，很鲜明地昭示着"气寒将雪""地寒未甚"的特征。这真是：灰蒙蒙兮天欲雪，阴冷冷兮人加衣。

节气是个点，自然的拐点。今年的小雪，这个拐意就很清楚。

报上说：今日"小雪"，本周冷空气接踵而至。

（《宁波晚报》）本报讯　昨天甬城最高气温还有21℃，温暖如春，而一场秋雨之后，今天早晨顿感阴冷。据预报，本周冷空气影响频繁，气温难以明显回升，也许将会是入冬以来最冷的一周。

市气象台早晨的预报说，受冷空气影响，今天白天市区最高气温将只有15℃左右，而明后天最低气温预计都在8℃上下。明天起的几天内，我市均以多云天气为主，尽管阳光出来了，但气温回升幅度不大。而且，据中央气象台消息，今天，又有一股势力较强的冷空气已进入新疆，然后将不断东移南下，预计在本周中后期对宁波产生影响，因此周四起本市气温将再度下滑。据目前的预报，本周末市区最低气温将只有6℃左右。

今天已是农历的小雪节气，此时黄河流域开始下雪，但雪量不大，故称"小雪"。对宁波来说，到了这个节气，也意味着真正的冬天快要来临了。我市常年入冬时间是在11月底。（记者 张海华）

巧了，巧在书上，真是无巧不成书。清晨，领着我家少爷背诗。"如此幸福的一天。雾一早就散了，我在花园里干活。蜂鸟停在忍冬花上。这世上没有一样东西我想占有……"当背起波兰米沃什的《礼物》时，我突然给少爷下了一个指令：你查一查忍冬花是什么东西。白天上班，我自己在网上也查了查，一查，让我吃了一惊，想不到忍冬花是我相当熟悉的金银花哟！

金银花，花名出自《本草纲目》，初开为白色，后转为黄色，因此得名金银花。此花总是成双成对生于叶腋，故有"鸳鸯花"之称。金银花适应性强，牵藤挂蔓，可铺展数十米。除了夏天能以清香散解暑热之烦躁外，冬日里，又能用一片翠碧驱除寂寞萧索，因其秋末老叶枯落时，叶腋间已萌新绿，凌冬不凋，又名"忍冬"。

说完真花说假花。在冬天，金银花是"忍"着寒冷而来，而雪花，寒冷是她的母亲（雪是寒冷天气的产物，是云内温度低于0℃时，水汽凝华在云中的微小冰晶上，增长为雪晶降落下来的），雪花，是最合时令的花哟！

明知道，江南的雪不会来得这么早，但看天的脸色，一副灰蒙蒙的样子，也的确有下场小雪的潜意识的。老天今天灰蒙蒙的样子，甚至让人觉得，这，是不是污染惹的祸。——这话，跑远了，打住。还是看天吧！

傍晚下班，坐在班车上，看夕阳。今天，我注意到夕阳的颜色。我发现太阳是橙色的。有趣。过了几分钟再看，又似乎是银白色似的。又过了一会，又橙了点。真有趣。我坐在车中，虽然只能僵坐着，但内心却是一片棱镜，折射着五彩。

是的，老天看似有下雪的样子，确乎没有下雪。我的意思是：节气小雪

◉ 白雪压青松   摄影：张国忠

天气、地气和人气，
节气是天、地、人三气推动的乾坤阴阳轮。
总在流转，总是圆满。

◉ 童年最爱

摄影：王薇薇

　　太阳每天升起，太阳每天都是新的。好奇打量世界和生活，于是，在节气循环中，我们看到，不一样的春天，不一样的夏天，不一样的秋天，不一样的冬天。于是，有了不一样充沛的人生。

的降临，不管老天有没有降下雪儿（注：气象学上把下雪时水平能见距离等于或大于1000米，地面积雪深度在3厘米以下，24小时降雪量在0.1~2.4毫米之间的降雪称为"小雪"），在江南，冬天的"雪"意象却是实实在在来到了。大地上的秋色在加速消泯，而冬的气象日益加深。是的，"雪"的意象是冬之美的"点睛之笔"。

随着冷的渐强，冬的加剧，生活在南国的人们，也开始萌生了盼雪的心情，记得有一年，我写过这样的句子："冬天快过去了，雪却没有到来"。从中原来的新江南人，有盼雪之情，其实江南的"土著"亦有盼雪的心愿。是的，南国的人们也期盼着天地一片白茫茫真干净的意象。那是冬之美的一种极致形态哟！

这里，我们看看鲁迅——南国的鲁迅——笔下的雪吧：

江南的雪，可是滋润美艳之至了；那是还在隐约着的青春的消息，是极壮健的处子的皮肤。雪野中有血红的宝珠山茶，白中隐青的单瓣梅花，深黄的磬口的蜡梅花；雪下面还有冷绿的杂草。胡蝶确乎没有；蜜蜂是否来采山茶花和梅花的蜜，我可记不真切了。但我的眼前仿佛看见冬花开在雪野中，有许多蜜蜂们忙碌地飞着，也听得他们嗡嗡地闹着。

冬 · 节气与你的性格

立冬及小雪（公历11月9日至12月6日出生）

匝 江湖传言	• 节气特点：进入冬季，农民开始停止活动，许多动物也开始冬眠。而这两个月正是亥 　　　　　　月及子月，五行中皆属水。 • 个　　性：由于水没有固定形态，在这两个月出生的人，也能够适应环境，是个社交 　　　　　　能手。 • 感　　情：此时出生的朋友，最懂得说甜言蜜语，十分浪漫。	甲骨文： 匝 耳言

大雪：太阳当空冬已矣　大风起兮大雪到
GREATER SNOW

小雪　大雪　冬至

　　有时，老天给人的感觉是走得太慢。今年，太阳从小雪走到大雪，人们并没有觉得天气向隆冬迈出了多大的步伐，相反，人们还犯点迷糊：老天是不是走错了大方向，怎么越来越温暖越来越像春天呢？

　　我们来看《宁波晚报》2010年12月6日的天气报道：今起强烈降温还会刮大风，可能把宁波带入冬天。

　　中国宁波网讯　昨天，在灿烂的阳光下，暖风熏得游人醉，市区最高气温猛升到了23.4℃。这一数字创下了历史同期新的气温最高值——在宁波有气象记录的50多年来，12月5日原先的气温最高值为22.6℃，出现在1972年。不过，随着势力强大的冷空气袭来，今天起我市将出现强烈降温。

　　据市气象台昨天下午发布的较强冷空气消息与大风黄色预警，冷空气从今天早晨开始影响我市，预计今天到后天我市将出现明显的大风、降温天气过程，过程降温幅度可达8℃到10℃。今明两天沿海海面有9到10级的偏北大风，内陆平原地区风力也有5到7级，因此请大家注意高空等户外危险作业的安全，刮风时不要在广告牌、临时搭建物等下面逗留，同时相关水域的水上作业和过往船舶也应采取应对措施。

据预报，今天阴有零星小雨，气温骤降，市区最高气温估计只有12℃，与昨天反差巨大。本次降水过程很弱，预计今天夜里就会阴转多云，明天多云到晴。周三、周四的早晨，平原地区最低气温预计只有2℃到4℃，有初霜冻；山区在0℃以下，有薄冰。

气象部门预计，宁波很可能于明天正式入冬。天气骤冷，大家一定要照顾好家里的老人、孩子与体弱者，及时添衣御寒。（《宁波晚报》记者张海华）

2010年12月7日，天起风了。其实风并不大，但风上有浓浓的寒意，所以街上的人们觉得这就是大风了——放在盛夏，人们还会嫌风小了呢！

太阳当空，算不上很温暖，但算得上很明亮。今天是大雪了，太阳到达黄经255度。大雪，顾名思义，雪量大。古人云："大者，盛也，至此而雪盛也。"到了这个时段，雪往往下得大、范围也广，故名大雪。大雪和小雪、雨水、谷雨等节气一样，都是直接反映降水的节气。——这样说，并不意味着大雪节气来临当天一定会降大雪的！

大雪节气中指的"大雪"与我们日常天气预报中所说的"大雪"意思不同，大雪节气是一个气候概念，它代表的是大雪节气期间的气候特征；而天气预报中的大雪是指降雪强度较大的雪。气象学上规定：下雪时能见度很差，水平能见距离小于500米，地面积雪深度等于或大于5厘米，或24小时内降雪量达5.0～9.9毫米的降雪称为大雪。——不仅内容不同，就是时间上，也不定同时来的。

秋尽江南绿未凋。这一天，我还特别观察了一下风中的绿。宁波市树——香樟树，满身皆绿，不过，那身绿带着倦意还有灰尘。最有趣的是，杨柳，也可说仍是满身皆绿，枝条的绿还挂在我的眼帘之上。——哟！江南的春，不对，江南的秋，似乎还没有完全走到尽头呀！

◉ 干净的世界

　　节气真是一个富矿，别的不说，说词汇。今天见到一新词"犯节气"，真不明其义。我问度娘，度娘说："指某些慢性病在季节转换、天气有较大变化时发作。"

　　我明白其义之后，又想：其反义词是什么？再问度娘，又得新词：顺节。仔细一看，还看到好句子，比如伏惟顺节自寿，比如四时顺节，民安其处。

岁月不居，在此，作打油诗一首：

秋尽江南绿未凋，阵阵寒风似刮刀。
新陈代谢天地意，大雪时节望雪飘。
初寒更觉身是本，因时调理心不焦。
人间最暖是故园，几多游子暗唠叨。

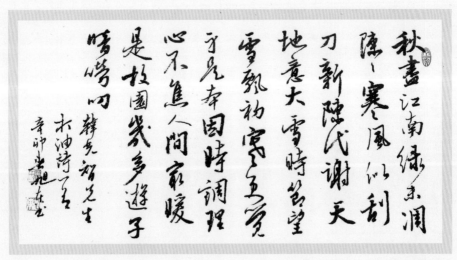

书法　顾旭东

冬暮街头即景

老天，是老天才有如此神力。短短十几二十分钟，明亮的大白天就转换成了杂色纷呈的傍晚时分。

这是在冬季——大规模的冷还没有来到前的冬季，有冷意，但空气并不冷。乍寒还暖，人们还习惯性地带着春夏时节的热情，走在都市街头——各种各样灯火交互辉映下的街道之上。

我不知道有没有这个词：冬暮。不去管它，如果没有，我就造一个吧！我觉得这是老天特意给江南小城的人们营造的暧昧境界。

是的，走着的人们，大多奔向一个主题，晚餐。人们奔向各自的家、各种各样的餐馆，此时大多还奔走在到家、到餐馆的半路上——也就是街道之上。当然，街道上的热闹，并非只是因为走着的人多。你看，无证商贩，此时是大街——特别是小型的街、交叉的街的"路霸"。在暮色之下，这些霸主反而显得很从容，很自在的。世界也是他们的吧。

如果这小城，对你来说，是异地，站在十字街口，我建议你不妨慢下来，多打量一下，一天之中最有诗意的时分。

抬起头来，天上已有新月升起来了，如果再细看，似乎还有云的影子。再低下头来，放眼望去，眼前是城里的灯。如果你细致，便会发现，新月和灯，相互照应着。月色是泻下来，灯光是射出来。再打量行人，你会很自然地觉得，人人都是好的，美的。如果你在大白天，受了某人的气，此时，你会觉得，气，到了此时，少了许多许多；如果在大白天，你为生计忙累了，此时，你也会觉得，到了此刻，累，至少已打了"五折"。

再说人儿吧！冬暮里的哥哥妹妹，呈现出了全然不同于白天的意态。说实话，就是某个哥哥丑了一点，此时，丑样，你是看不大出来的；就是某个妹妹穿得太露了太性感了，此刻，你就是封建卫道士，也不会有什么卫道言行的。初冬的暮色中，朦胧是最温柔的宽容力量。

江南小城的冬暮是美的。是美的，便不会太长。一个小时后，冬暮走了。

暮色渐渐没了，夜便来了。

二十二·冬至

冬季：家家收拾起……

冬至：进九，夜正长，何物涌动暖心房
THE WINTER SOLSTICE

大雪　冬至　小寒

　　我还认为明天（2010年12月23日）是冬至。今天下午上班时，不断接收到有关冬至的消息，比如有人在QQ群中提到如何在居士林排队买腊八粥，如何冬至进补。赶巧了，今天我还加班（嘿嘿！这加的班还是我自己定下来加的），加班时，有朋友打电话约着一起吃饭过冬至。我这才搞明白，今天就是"大如年"的冬至了。

　　日子像流水一样，真的就这样到了冬至，一年二十四个节气中的倒数第三个节气。一年就快过完了哟！当然，会有一丝感慨在心头：太酸太俗太掉价就不展开了。

　　冬至日，太阳到达黄经270度，太阳直射南回归线，北半球白天最短，黑夜最长，数九寒天从冬至开始。

　　冬至是北半球全年中白天最短、黑夜最长的一天，过了冬至，白天就会一天天变长，黑夜会慢慢变短。古人对冬至的说法是：阴极之至，阳气始生，日南至，日短之至，日影长之至，故曰"冬至"。冬至过后，各地气候都进入

◎ 引无数英雄竞折腰

摄影：陈黎明

一个最寒冷的阶段，也就是人们常说的"进九"。

此前，我国南方大部分地区日出到日不到10小时。冬至以后，随着地球在绕日轨道上运行，阳光直射地带便逐渐北移，使北半球白天逐渐增长，夜晚逐渐缩短。冬至日太阳高度最低，日照时间最短，地面吸收的热量比散失的热量多，冬至后便开始"数九"，每9天为一个"九"。到"三九"前后，地面积蓄的热量最少，天气也最冷。这便是"提冬数九"。（见文后《九九歌》）

数起九来，陆游歌曰："家贫轻过节，身老怯增年。"（《辛酉冬至》诗）在江南，及至全中国，从古至今，这是一个非常重要的节日，"冬至大如年"。《后汉书》载："冬至前后，君子安身静体，百官绝事，不听政，择吉辰而后省事。"唐、宋时期，冬至是祭天祭祖的日子，皇帝在这天要到郊外举行祭天大典，百姓在这一天要向父母尊长祭拜。如今江浙一带还有这样的传统：家家户户都要打年糕、春糍粑、做米酒、进补、祭祖等等，参与的人非常多，很隆重。有民俗专家解释说，"冬季的节日，古人有种模拟死亡的意识在里面。古人认为，冬至白天最短，是太阳休息的时候，阴气最重。""扫墓这种行为，有'太阳之死'的寓意在里面。至于吃饺子、汤圆，代表着团团圆圆、和和美美的意思。"

夜最长，进九初，在这样的时候，最需要暖意。也的确，在尘世奔波折腾，除了满脸沧桑一身尘土外，还真感受到了外在的温暖渐渐汇合成流涌入心房。这样，我慢慢细数一些温暖的小事吧！

——加班后坐788路公交车回家，快7点了，儿郎在家打电话问我何时可以到家吃饭，十三龄童的稚声，脆得我心一软。很享受。

——到站，下公交车，江南宁波的夜还不怎么冷。边走，边抬眼看了一眼天，天上有星，虽不多，但的确是有了。天上的星光城里的灯光，灿烂成一片。美。

——有朋友打电话聚餐，我正在加班，他们要我加班完了赶来。我加完班却赶到了家里。再给朋友打电话说不来了，被朋友骂。骂，随他骂去，已过青春期若干年的我，知道，在世上，被朋友骂，何尝不是一种有温度的声音呢！

——回家吃晚饭，家人正等着。上桌，吃的是绍兴老酒——这是我的邻居、绍兴人王某送给我的。那是真正的绍兴酒。加温的酒，更暖胃哟！

——今年的冬至并不冷，不过，今年的雪，已下过一场。当然，江南这时节的雪，化得很快的。雪化了，但有件事我觉得我会永远记得的，我觉得人世间，从美中生发的东西最为暖人。（请参阅附文——《那是一个美丽的错误》）

——冬至大如年，过年要归家。在外生活十几年了，归家的想法总在节假日中发酵。这里，录几首冬至古诗聊以自遣吧。理由是，诗词是中国最传统的、直指心性的精神日用品，自然，这里有中国人的血脉和血的温度。

小至　（唐）杜甫

天时人事日相催，冬至阳生春又来。
刺绣五纹添弱线，吹葭六管动浮灰。
岸容待腊将舒柳，山意冲寒欲放梅。
云物不殊乡国异，教儿且覆掌中杯。

冬至　（唐）杜甫

年年至日长为客，忽忽穷愁泥杀人！
江上形容吾独老，天边风俗自相亲。
杖藜雪后临丹壑，鸣玉朝来散紫宸。
心折此时无一寸，路迷何处望三秦？

邯郸冬至夜思家　（唐）白居易

邯郸驿里逢冬至，抱膝灯前影伴身。
想得家中夜深坐，还应说着远行人。

冬至祭　（唐）张志真

香烛鲜花纸钱银，八果八素并八珍。
合家召开追思会，缅怀英烈祭先人。

◉ 生活的味道是晒出来的

摄影：王薇薇

星期小回旋，
节气大循环。
中外定作息，
生活有何难。

三耳秀才2016年12月31日得句

附录：九九歌

　　黄河中下游的《九九歌》是：一九二九不出手；三九四九河上走；五九六九沿河望柳；七九开河，八九雁来；九九又一九，耕牛遍地走。

　　江南的《九九歌》是：一九二九相见弗出手；三九二十七，篱头吹觱篥(古代的一种乐器，意指寒风吹得篱笆觱觱响声)；四九三十六，夜晚如鹭宿(晚上寒冷像白鹤一样蜷曲着身体睡眠)；五九四十五，太阳开门户；六九五十四，贫儿争意气；七九六十三，布袖担头担；八九七十二，猫儿寻阳地；九九八十一，犁耙一齐出。

　　华北地区的《九九歌》是：一九二九泄水不流；三九四九破冰石白；五九四十五，飞禽当空舞；六九五十四，篱笆出嫩刺；七九六十三，出门把衣袒；八九七十二，黄狗躺阴地；九九八十一，犁牛一齐出。

　　┌─┐
　　│附文│
　　└─┘

那是一个美丽的错误

　　最快乐的是孩子们。2010年冬的第一场雪，一下子让江南干净纯洁起来。一个美丽的错误就发生在这样美的时刻。

　　下班归家时，我家少爷已在家了。我刚一进门，小孩的奶奶就投诉少爷犯的错误：他把雪装进裤子的两个口袋，弄得裤子全湿了。

　　我一乐，慢慢询问：少爷，你为什么把雪装进口袋哩？少爷说：我把雪拢成团，放在手上，放着放着，手都麻木了，我只好把雪装进口袋。"只好"，呵呵！我且慢慢享受这个美丽的错误。之后，我接着慢慢追问起整个事件的经过。——我有点偷着乐。

　　少爷十三岁了，想来，明年，我猜他可能不会再做这样的乐事了。于是，我决定，提起笔来，记下这个美丽的错误，为少爷的天真留下一个鲜美的例证。

　　这样美丽的错误，我会犯吗？当然现在不会，将来呢？老少老少，将来我老了，碰到雪儿了，说不定也装一口袋两口袋雪球，屁颠屁颠地在大地上行走。——到老了，我要做一个天真的老头。

冬 · 节气与你的性格

甲骨文：

大雪及冬至（公历12月7日至1月5日出生）

江湖传奇

● 节气特点：温度极低、大雪纷飞，大地覆盖厚厚白雪，十分亮眼。
● 个　性：美貌与智慧并重，处世圆滑，是个天生的公关人才。
● 感　情：大多不乏追求者，但很易被对方迷惑，要慎选另一半，才会有理想的感情生活。

耳言

小寒：说冷说对称说天道
LESSER COLD

今天（2011年1月6日）早上叫我家少爷起来读书，我陪读时，隐约觉得窗外有异，一凝神，发现一块地上很白，莫非下雪了？仔细一看，真是的。江南今年很来了几场雪。不管几场雪，在江南，有雪就是欢喜。我马上叫少爷看。少爷看了，说，屋顶上全白了。

小寒，二九第N天。

在江南，冷，是一个例外，也就是说，在一年的时段当中，冷的时长和深度都是有限度的。不过，过了冬至，江南的冷实实在在起来了。用我的话来说，不需要理由，老天它就冷。——怎么解释呢？在江南，冬至之前，也冷，甚至还有寒流还有雪飘，但是只要放晴，天地之间的一股暖气就会回来，旋即侵入（亦浸入）人们的体内，特别是午后的暖阳，如果你在午阳下晒晒那么一段时间，你的身体不仅暖和了，而且你还会体会出几丝阳光里的辣味道呢！但，过了冬至，进了九，就是晴天没有风，就是在午后有阳光，你还是觉得冷、觉得寒气侵人。——这就是我所说的，没有理由，天它就是冷。自然，如果有冷风如果是阴天，那个冷，就更加实实在在的了。有趣的是，冷到这程度，江南的人大呼小叫"冷呀！"却明显减少了。嘿嘿！什么人事都有这样一个心理现象：时间一长，就麻木了、疲劳了，也习惯了。

西方有谚语：大自然是老师。西方文明向老师学的是美，在我看来，在中国，大自然无疑也是老师。老子曰：法自然。其意是，以自然为法，取法于大自然。法自然，前面还有一个字，道，合起来是，道法自然。中国人学的、得到的是道，是谓道法自然。道落在民间，也就是说，在面朝黄土背朝天的农人那里，在跟着太阳走了一年又一年的光阴中，得到的，其中一个成果便是二十四节气。

二十四节气，是中国先人在法自然之中寻觅出来的一条中华之"道"。因为法自然，二十四个节气也是"活"的，是自成法度、自成体系、循环往复的一个"生命体"。创造出这个"生命体"，并顺应着这个"生命体"的生命节律，中国先人从事物质生产活动，安排精神生活。无形之中，这，和中国顺天应人的根本生存发展智慧是契合一致的。具体地说，没节气之前，做农活，或者说以农活为主的生活方式中，农人是摸着石头过河，有了节气之后，农人自觉顺着节气做。节气可算是农人的指南针吧。——我不是专家，但我想，情况应大致如此。从某种角度来说，这，便是天道吧。

说二十四节气，还可以换个角度来说，那就是对称和不对称。

先说对称。论起来，二十四节气流转的规律，不就是对称规律吗？不就是自然界对称在人的观念中的体现吗？法自然，不仅"创造"了节气，也"创造"了对称这个概念。

跳开节气来说，自从"创造"了对称概念之后，对称就在历史中、就在生活中。历史中的对称，别的不说，那些流传千古的建筑物大多极具对称美，比如故宫、天坛、颐和园的长廊，比如宁波的鼓楼、七塔寺，还有古典诗词中那极富韵味的对称美。生活中的对称，那就更多了，对我来说，跟着太阳走一年，不就是主动体悟这样那样的对称么？！

再说不对称。对称只是相对的，不对称是绝对的，在跟着太阳走一年中，我也主动体悟着不对称。不深讲大道理，只说，因为不对称，生活总是新鲜的，充满活力的。

天地有大美，有大美而不言。有点遗憾的是，日复一日之中，我们大多

◉ 岁寒冰雕草为骨

摄影：张国忠

节气百子歌

说个子来道个子，正月过年耍狮子。二月惊蛰抱蚕子，三月清明坟飘子。
四月立夏插秧子，五月端阳吃粽子。六月天热买扇子，七月立秋烧袱子。
八月过节麻饼子，九月重阳捞糟子。十月天寒穿袄子，冬月数九烘笼子。
腊月年关四处去躲账主子。

◉ 光阴的故事

摄影：石佳朦

只触及冷热没有触及天地大美，只见天气不接地气，难见节气。

古今对照，在此，我总结出这样两句话：古代人生活在节气之中，现代人生活在天气之中。古代，农耕社会，人们深知：随便从哪个节气点（其实不是节气点，随便哪个时间点都成），过了一个节气，就自觉迈向下一个节气，节气连着节气，便是一个循环，也不是说，走了一年，走了一圈。当然，现代人，走了一年，也是走了一圈的，年复一年，圈复一圈。不过，区别在于，现代人大多犯着糊涂，听着天气预报过着一天又一天，至于节气，那不过是，到节气那天日历上多了一个小小的标志而已。当然，偶尔个别热闹的节气，会跟着媒体的鼓噪、老人们的念叨热闹一回，比如夏至。

——今日小寒，趁着"冷"说些清醒的话吧！

小病大雪过大寒　收拾心情好过年
GREATER COLD

　　回到当初，想来，当初我起意特别关注节气抒写节气随笔，大约就在上一年（2010年）的大寒节气期间。沿着岁月之河逆流而上，我在我的博客上找到了当初的即兴之作《"大寒"节气，领会春意》：

　　一年之中，规定应该最寒冷的节气，便是"大寒"（不过，大寒不一定比小寒寒哟！特别是在南方，多是小寒更寒的）。年年"大寒"，今有"大寒"（2010年元月20日，最高温度已达26.2℃）。在江南、在宁波，闻一闻季节的味道，嗅一嗅"大寒"的气息，你便会发现，暖气——大地的暖气、人体的温暖之气，已慢慢升腾起来了。

　　上个周末，晨跑。休息片刻时观察，体育场边有一棵树，我生物学得不好，不知是什么树，有花苞，新奇的是，花苞有发胀开的明显迹象，新鲜细嫩。这时，在心里，我在想，新的一轮春天越来越近了。

　　江南春暖——如果可以算春暖的话——人亦知之。地气动了，空

◉ 思绪纷飞

摄影：王崇均

从立春到大寒是一年，从大寒到立春只一瞬。光阴里，我们被这感动被那感动。

其实，都不过是，我们内心柔软了，我们常常被自己感动。中国节气，阐释中国人的光阴。

气也有了相应的反应。同样的晨跑，前些时，我没有什么异样的感觉，现在有了，觉得人的皮肤，特别是背部的皮肤有一层小火烤着似的。自然，这是跑的原因，但，季节向暖的细微变化，的确也"难辞其咎"。

这时，穿衣，便是一桩小事体。脱一件呢，还是不脱？不脱，中午时分，你看街上的风景，在有的人身上你也觉得季节已转换；脱吧，又怕冷意，又想着修身要冬焐的传统说教。此外，就我而言，一直想抽出时间去买件合意的冬衣，真的也去过商场，没看中的，看中的又太贵。想来还是到书店合算，每次去都不会空手而归，一次花费也不会超过一件衣服的开支。

有一句名人名言，中国人又最爱引用。想来我再引用一次也无妨。引吧。这句话是："冬天到了，春天还会远吗？"真的，我突然想，如果引用这句名言要加一个良辰吉日的话，我确定，一定得选今天——"大寒"；如果引用这个名言再加一个最合宜的地点的话，一定得选江南——我人在宁波，就选江南中的宁波吧！

女孩子，曲线一下子新鲜起来，明朗开来，脸上也像蒙上一层薄薄的油粉一样，明快而闪亮。有个词叫容光焕发，大致是指这样的情形吧。

宁波中山东路上的行人匆匆，傍晚时分，我也在其中，我只听到有人在说："这样的天，穿一件单衣就行了。"

从大寒到大寒，转眼就是一年矣！今年的大寒（2011年1月20日），在"外表"上，迥然于去年的大寒。从我的"气色"和老天的"面容"来看，皆有明显不同。表现在：

去年大寒，天大晴气温高。今年大寒，大雪矣天很冷。

去年大寒，"该冷不冷，不成年景。"——哈哈！有钱就有年景。不过，该冷不冷，不成冬景，倒是实情。

今年大寒，"小寒大寒，冷成一团。"——嘿嘿！在江南，雪带来的冷，另具情趣：冷成一团，也带着一团喜气的。

去年大寒，我很爽很健康。今年大寒，感冒了难过中。

不过，不管上年的热大寒还是今年的雪大寒，面临大寒，我的心情——

进而推到大家的心情趋于一致，那便是：收拾心情好过年。

按照我国的风俗，特别是在农村，每到大寒时节，人们便开始忙着除旧布新，腌制年肴，准备年货。在大寒至立春这段时间，有很多重要的民俗和节庆，如祭灶和除夕等。有时甚至连我国最大的节庆春节也处于这一节气中。大寒节气中充满了喜悦与欢乐的气氛，是一个欢快轻松的节气。

"过完大寒，又是一年"，对于客居江南多年的我来说，大寒意味着时光催着我回归老家过年。虽然我心里很明白，不是每年都能回老家过年的，但每年这时节，想回去的心思总是按时令"发作"。

过完大寒，节气又开始新一轮的循环了。——大寒，是二十四节气中的最后一个，衔接着的是新的立春。

天道有常。

冬·节气与你的性格

小寒及大寒（公历1月6日至2月3日出生）

江湖传言

● 节气特点：一年中冷到极点之时。
● 个　　性：本性厚道，外柔内刚，富有侠义精神。
● 感　　情：懂得把握机会，遇到心仪对象，会不动声色地接近对方，令对方在不知不觉间喜欢自己。

甲骨文：

耳言

◉ 姐要回家

摄影：王薇薇

鞭炮响，脚底痒。
回家咧！
团圆，是中国人最传统的圆满。

特别的祝福给特别的人——
韩氏福音快递 兔年第一单

　　"当，当，当……"新年的钟声敲响了。

　　在岁月中，乌龟和兔子开始了新一轮的赛跑。没出意外，没出意外，这一次，兔子努力向前，步步连环，不一会，就到达了终点，赢得了冠军。

　　银河系新闻社著名记者懒羊羊对冠军进行了及时的采访。冠军兔满怀深情地说：快，快，快，加油！加油！加油！我一路上如此鼓劲给力。冲击终点线的那一时，是多么的累哟！站上领奖台的那一刻，是多么的辉煌哟！

　　乌龟也没出意外，一路上慢腾腾。懒羊羊采访完冠军兔，休整了好久，才看到乌龟爬到视线之内。懒羊羊一动歪脑筋，立马有了另类的采访思路。等到乌龟爬到终点，名记懒羊羊语带讥讽地说："这次，你总算冲到了终点。恭喜恭喜。另外，我想问一问，到了终点，你也有快乐之感吗？"

　　乌龟淡定地说："快乐之感？我不知有没有，但我一路上，内心自在，安步当车，饱览美景，寂静欢喜。我想，这就是大快乐吧。我还想，人生的幸福，人生的意义，不就在路上吗，不就在鲜活生动的美中吗？"

　　懒羊羊一怔，怔后一喜。不愧是名记，懒羊羊从乌龟的话中找到了灵感，下笔有神。于是人们在《银河日报》岁月评论版看到了这样的文字：人生有比赛，但人生之意义，并不尽在比赛；人生有意义，岂能单以快或慢决之，得第一如何？得倒数第一又如何？再展望，任何一个终点都是另一个征途的起点。说到底，快有快的痛和爽，是谓痛快和爽快；慢有慢的淡定和悠然，是谓闲庭信步，是谓卧看云起云落，更是谓——忙后翻闲书悠然见南山。

　　兔年之始，得快慢之别，悟人生之道。韩某在此祝你人生痛快爽快淡定悠然，快时你能快给力，慢时你能出细活。快慢如泉水过溪，向东方向大海，浪花里飞出欢乐的歌，一路自自然然，风风光光。

后记

一个圆，就是一个圆

一个圆，是的，就是一个圆。

回头张望当初，汉字萌动成形，中国先人看着太阳起啊落啊，于是有了圆形的象形文字"日"。地球人都知道，文字，特别是汉字，从来不是简单的抽象符号。每个汉字中都蕴藏着中国文化的丰富内涵或独特密码，就"日"来说，"圆"形之中加个"一点"，有形之中，指向了中国先人对太阳的模糊认识。慢慢地，中国先人创造农耕文明之际，获太阳之指引，得太阳之启示，受太阳之普惠，创造了一整套带着"圆"意识的中国智慧。有人把中国哲学总结成一个字"圆"，这个太深奥了，在此，我不往深处说，我只是普通人，说老百姓的话。我说，俺们中国人最典型的传统生活，很简单，一个圆，就是一个圆。

算起来，大约是2008年的某一天，在纸上不时耕耘的我，忽然感悟到：在年去年来的时序中，天气——准确地说，是一年中天气的变化趋势——对我们的影响太大了，原来：这是岁月的关键，是岁月的决定力量；原来，头顶上总在转动的太阳，是我们的神哟。进而，仿佛使命在身，不可推脱，我找到了一个倾诉的对象，我找到了一个安神的领域，在此，我要有所作为：那日历上标明的二十四个节气是生机勃勃的，我要传达"老天"身上的那份带着中国印迹的"旨意"。当然这种要有所作为的意向是渐次形成的，大约在2009年的冬季，我开始了有比较明确意识的节气写作。略作尝试后，主动担当的意识更明了，计划全面投入实施。从虎年的立春开始，逢节气就提笔，等到了兔年的立春，跟着太阳走了一年，一回眸，太阳走了一圈，我的感觉，我也跟着转了一圈。这，不就是一个圆吗？

我从农村来，吃大米吃五谷杂粮，还真没有深究这农村这吃喝行为里有何文化内涵。等读完书，到了江南，有了一份工作，也工作了好一段时间，特别是在跟着时光走、每过两周就写一篇节气随笔当中，我越来越明显、越强烈地意识到：过去的人，农村里的人，生活在"节气"中；现在的人，都市里的人，生活在"天气"中。生活在"节气"中，不断在体会，不断在做着合着时序的事；生活在"天气"中，不断在听着天气预报，不断有人在抱怨"这鬼天气"。由此念延伸，酝酿得句，自以为妙：

大气磅礴，渔樵耕读节气里。

荡气回肠，围城蜗居天气中。

渔樵耕读，过去人大多生活在节气中，天气地气人气，周流周转，大多扬眉吐气。

围城蜗居，现代人多半生活在天气中，好天气坏天气，是好是坏？多半被动受气。

在写作节气随笔的这一年中，我一直心存"太阳"，常常想：此刻太阳在圆形轨道的哪个点上，离我们近了多少或远了多少。我想，中国先人、中国农民在耕作过程中，也一定常常挂念着太阳吧！这样想来，我的写作和出版，不也是一个农人耕作的一个周期吗？跟着太阳走，我一直在圆的辐射之下哟！

一年又一年，春天来了，春天走了，夏天来了，夏天又走了，秋天来了，秋天又走了，冬天来了，冬天又走了，接着，新一轮的季节变化，新一轮的节气又开始了。写完二十四节气随笔，对我无疑有深远的影响，现在的我可以确定的是，在我的随笔之后的一年又一年的岁月中，特别是节气中，我深知，我一直在跟着太阳走，我一直走在圆的轨道上。

文章是给人看的吗？这个问题有争论。似乎给人看是常理，但的确有人写东西是只给自己看。这里，我不细究，我只说，我写的有些文字，的确是只给自己的，但我写的《跟着太阳走一年》，不是只给自己，我的意图，除了我自己梳理一下节气文化的内涵之外，我更希望有更多的人看到我写的这些节气文字。于是，我在写作过程中，在出版过程中，因为一些机缘，找到摄影高手跟我合作，图文和谐形成一个有机整体；找到盛子潮先生提笔写序；找到本家前辈韩石山及武汉大学校友汪剑钊、金宏宇、夏钟点评推荐；找到画家韩以晨题写书名；找到顾旭东先生、许永铸先生，还有我老家的老朋友蔡先政题写书中的打油诗。此外，还有徐飞先生帮我联系出版，连鸿宾先生帮我绘制书中部分插图，就连写这篇后记文章，也有机缘：遇到兄弟罗涟浩，得到他的率真而有益的指点，使我获益良多。如此等等。这些机缘，加在一起，算起来，不就达到圆满了？！这，不也可以说是：一个圆，就是一个圆。

一个圆，就是一个圆。

感谢太阳，我的方式是文字，我的方式是敬畏。在享受着工业文明现代文明的成果之余，《跟着太阳走一年》，算得上，一个现代都市里的普通人向农业文明的一次深情回望吗？

感谢《跟着太阳走一年》出版过程中帮我助我的所有人，我的方式是文字，我的方式是尊重。

我领悟着圆，我期待着更多圆满。

2011年2月1日，除夕前一日，立春前三日，午夜写于宁波樱花园

2011年5月6日，立夏日改定于宁波北仑

◎ 少年心思   摄影：张国忠

◎ 油菜花开了，种田的人却老了   摄影：王薇薇

（一）跟着文字走一年

荣 荣

首先祝贺韩光智先生《跟着太阳走一年》——江南节气文化随笔出版首发。

记得有位宇航员说过一些话，大致意思是，人们在地面上经常抱怨糟糕的天气，但正因为地面上有四季变化，生活才富有色彩。他还说如果人们在月球上碰到了，想寒暄，一时还找不出话呢，也许只能打着哈哈说：这个季节，嗯嗯，陨石似乎多了些。

所以我们真该感谢地球有一个美妙的轴，转动得不快不慢，非常适宜我们居住；感谢地球与太阳保持着美妙的距离，使地球四季分明，秀丽异常。

现在，我想感谢韩光智先生。他跟着太阳走一年，将二十四节气搬到了这本堪称图文并茂、精致又好看的书里，让我们能愉快地读着这些文字，也跟着他不知不觉地走过了诗意的一年。

"不着意时最惬意，闲读诗书慢著文。"这是他平日里读书为文的自况之句。但读他的文字，我觉得他并不是不着意，而是很用心地经营着。虽然这些文字看起来闲闲的，每个单篇分开来读，似乎还有些信马由缰，但整本书却铺排得当，结构有序，体现了一个几近周密的写作构画。就像他在后记中说的那样，他是沿着太阳走一年，用文字为我们画了一个很圆满的圈。

这些文字，除了浓郁的节气文化内涵，更多的是散落其中的作者独特的情思、安静的思考和浓浓淡淡的生活滋味，而这些，才是他这部书更重要的价值所在。因为这本书真正的定位或落点是文化，节气只是一个载体。所以，感谢韩光智先生用他的笔，在一年里完成了一个他自我选定的功课，为我们捧出了一道独特的文化大餐。

有时候我很喜欢纯文学的"纯"字。我总试图从纯文学那些纯粹、尖锐、深入肌肤的文字中，触到人心最柔软的部分，并为之感动。但不少时候，我也喜欢叙写大文化的那些文字，那些文字古往今来，天上人间，包罗万象，肆意挥洒，让人浑然其中，开眼界，长胸襟。韩光智的这些节气文字，应该是纯文学的，但似乎又介于这两者之间，既有大民俗范畴的面子和里子，又有纯散文的血脉和骨骼，两者都兼了，两者的好看好读和动人之处也都占了。对此，我很想顺着上面的话给出一个也许有些率性的个人结论，那就是，他为拓宽纯文学的疆域做了自己的一份贡献。

另外，书的副标题里有个"江南节气"的标注，这样的地域框定，也许能让读者更好地领悟他用文字给出的江南生活图景吧。江南人画江南景叙江南事，我简短的发言里说了很多感谢，我最后还想以感谢收尾，感谢四季瑞丽的江南，给了韩光智这些与江南生活贴肉的、笔走游龙的温暖文字。

（《跟着太阳走一年》研讨会简短发言。后刊登于《长沙晚报》2012年2月13日）

（作者为宁波市作协主席，鲁迅文学奖获得者）

◎ 少年强则中国强

摄影：王薇薇

◎ 向右看齐

摄影：石佳朦

（二）当太阳到达黄经×度，请你翻书

赵 雨

　　年轻时看《燕京岁时记》《帝都景物略》这类书，总感觉无端的怅惘，那些随着时间的消逝淹没在茫茫大洋中的风俗、景物，如"高树寒蝉"，再无西风消息。

　　当代少有作家写这类题材，缺少阅历也好，笔力不逮也罢，总之是文学类型的一大损失。然而，新世纪到了第十二个年头，《跟着太阳走一年》摆在了我面前，作者还是同城人——韩光智。这是一本捧给太阳、节气的书，韩光智说："过去的人生活在节气中，现在的人生活在天气中。"

　　节气和天气，一字之差，差的是一种文化和情趣。

　　韩光智是懂文化的，他在书中到底开了多少"书匣子"，单看那些书名号和引号就知道了，所以他说，这是一本"科普读物"，我信。科普读物的好处是给我这类节气文盲普及了知识，使我明白，中国文化之深，在节气上就有如许多好玩的典故，如谷雨"仓颉造字"；惊蛰"叫春行动"……此外，又得以读到如许多不知被韩先生从哪些故纸堆里挖出来的农谚、民谣、月令诗，以及每篇附录的节气性格和甲骨文字。

　　韩光智也是有情趣的，所以，若说这只是一本"科普读物"，怕他会不高兴，明明是"江南节气文化随笔"！随笔要有随笔的特性，看先生文字"……初无定质，但常行于所当行，常止于所不可不止"，虽无大掉大阖，但于小处见出大义，于生活中剥出肌理，这就是情趣。有情趣的人会在立春看一部名叫《立春》的电影，从而得出春立的感悟；会在"雨水"那天去理发、买书；在"谷雨"那天去送书。

　　文化与情趣造就了中国节气，也造就了文人韩光智，先生祖籍河南，在小县城放了七年电影，读了三年研究生，然后踏上火车，千里迢迢来到甬城。他说自己喜欢王鲁彦的《故乡的杨梅》，因为道出了一个客居者的异乡情结。"客者，此身如寄也……"，所以他对那些节日、节气尤其敏感，春节之际他遥想家乡过年的氛围，感叹"在热闹中闹过去，在平静中静下来，这样才是正宗龙的传人"。在清明节回家扫墓，看似平淡的笔触却处处透出酸楚，尤其是母亲对扫墓"隔一年隔两年不能隔三年"的叮嘱，让人动容。但韩光智不是沈从文自谓的"乡下人"，也不是郁达夫的"零余者"，他融入到异地比较和洽，把甬城当作了第二故乡，所以落笔处饱蘸深情。韩先生又说："我来自农村，我在城里活着。"农村给了他大自然的熏陶，使得天地灵气渗入肌体，能感受到节气所带来的与生俱来的触动。城市又给了他审视的目光，看待事物能"不隔"（王国维语），想法就透彻，故写节气，实在写人生之境界。

　　此书风格独特，放在任何一种文学类书架上，都能让人一眼瞧出来。成熟老到的文字外，配以精美的图片，更为丰富立体地阐释了节气的韵味。韩先生运笔多短句，该断处断得利索，气象直追"桐城"，全书章节如散落之珍珠，以灵气贯穿一线，通读能解颐，能浮人生一大白。

　　当太阳到达黄经×度，二十四节气自现，生活在天气中的城市人，请你翻书。

（《中国图书商报》2013年1月4日）

又及：

　　工作忙，偷闲阅读不可少　（2017年1月24日《南方周末》）

　　这是一本写节气的书，文化与情趣造就了中国节气，也造就了文人韩光智，韩先生祖籍河南，在小县城放了七年电影，读了三年研究生，踏上火车，千里迢迢来到宁波北仑。他说自己喜欢王鲁彦《故乡的杨梅》，因此文道出了一个客居者的异乡情结。"客者，此身如寄也……"，韩先生对那些节日、节气尤其敏感，春节之际他遥想家乡过年的氛围，感叹"在热闹中闹过去，在平静中静下来，这样才是正宗龙的传人。"在清明节回家扫墓，看似平淡的笔触，处处透出酸楚，尤其是母亲对扫墓"隔一年隔两年不能隔三年"的叮嘱，让人动容。韩光智先生并非沈从文自谓的"乡下人"，也不是郁达夫的"零余者"，他融入到异地比较和洽，把北仑当作了第二故乡，落笔饱蘸深情。韩先生说："我来自农村，我在城里活着。"农村给了他大自然的熏陶，使得天地灵气渗入肌体，能感受到节气所带来的与生俱来的触动。城市又给了他审视的目光，看待事物能"不隔"，想法就透彻，故写节气，实在写人生之境界。此书风格独特，放在任何一种文学类书架上，都显得格格不入，却都能被读者看中眼。成熟老到的文字外，精美的图片更丰富立体地阐释了节气的韵味。先生运笔多短句，该断处，断得利索，气象直追"桐城"，全书章节如散落之珍珠，以灵气贯穿一线，通读能解颐，能浮人生一大白。

（作者为宁波自由职业者）

◉ 赶海，沧海即桑田

摄影：张国忠

◉ 走向蔚蓝

摄影：王薇薇

（三）知冷知暖知节气，跟着太阳走一年

徐生力

异乡人有更丰富的感觉。中原汉子三耳秀才韩光智到了江南，写出了《跟着太阳走一年》一书，江南韵味以及节气感受溢于笔端。我，三耳秀才的儿时玩伴，近期捧读该书，历时两个节气，在纸上，"跟着太阳走一年"。读书起兴，我将我读书所获化为对联。我的对联，对话《跟着太阳走一年》。如此这般共话中国节气，应该也算与儿时玩伴又玩了一次快乐的游戏吧。

一年之计在于春。春季分为立春、雨水、惊蛰、春分、清明和谷雨六个节气。

我的立春对联：昨夜微风春气动；今朝旧雨暖潮来。立春往往赶在春节前夕，太阳亲近大地。正如三耳秀才所言，立春，是一个略带转折色彩的节气。形如他的人生轨迹，立春一过，"我"心里就蠢蠢欲动了。以至从老家的新县工作7年后，奋力考上武汉大学研究生，投奔宁波，工作，生活，还从事心爱的文学创作。

我的雨水对联：残雪隐身由雨布；嫩芽上拱草木荣。我在这里挑出三耳秀才在文中提到的老家，过完年，大人们会说：年过好了，得干活了。三耳秀才

在《嗨，春天的种子在阳光里》记录短信内容，因为春天的种子在阳光里所以当阳光照耀大地时，大地上小草尖尖冒出地皮了。

在晚春惊蛰这个节气里，三耳秀才描述：惊蛰，除了惊起虫子外，也惊起了奋发有为的人类。不过，这状态，对人类来说，现代的一个词倒是可以代替，就是雄起，也很传神。因此，我有惊蛰对联：奋发万物出乎震；雄起三春始于情。

在春分部分，三耳秀才写作节气随笔时发出感慨：一切都是因为您，太阳呀！仅仅因为您的远和近，我们，被您牵引，从一个节气走向另一个节气。他说，很自然，春分之时，正是春色正好的时候。由此，我有春分对联：阴阳相伴春光胜；昼夜均分寒暑平。

清明节气，三耳秀才说道，春节要热闹，清明要祭祀。不这样做，就像低年级的小学生没有完成老师布置的作业一样，忐忑惶恐。在这个节日里，上坟祭祖和扫墓，汉族和一些少数民族大多有此传统，是谓清明节扫墓。我们扫墓、烧纸磕头之外，还会跟先人们说说话，架起了阴阳两界通话。于是我有清明对联：大地此时难寂寞；人间到处是清明。

谷雨时节，在我们老家（河南新县），有头茶苦二茶涩三茶好喝舍不得摘之谚语。所谓头茶，基本上是谷雨以前的茶叶。明前茶更好喝，价格昂贵不说，尖尖的一个嫩芽也是资源的极大浪费啊。集市上，一般以雨前茶居多。三耳秀才在文中提到，土膏脉动，谷雨带谷，说明的是此时的雨水对粮食作物是及时雨。还有农谚，"谷雨下秧，大致无妨"。由此我有谷雨对联：趁晴采槚新茗苦；新雨育秧晚稻香。

从立春到谷雨，春季六联，次第呈现：
立春：昨夜微风春气动；今朝旧雨暖潮来。
雨水：残雪隐身由雨布；嫩芽上拱草木荣。
惊蛰：奋发万物出乎震；雄起三春始于情。
春分：阴阳相伴春光胜；昼夜均分寒暑平。
清明：大地此时难寂寞；人间到处是清明。
谷雨：趁晴采槚新茗苦；新雨育秧晚稻香。

人皆苦炎夏，我爱夏日长。夏季有立夏、小满、芒种、夏至、小暑、大暑六个节气。

立夏时节，三耳秀才在文中反复说道，在"我"看来，便是——立夏叮嘱华夏：做个好汉子。用"我"的话说，立夏通过习俗，反复叮嘱华夏子孙：做汉子，做爷们，顶天立地真英雄。所以我才有立夏对联与之对应：斗指东南人立夏；阳升宇宙气冲天。

小满节气，三耳秀才说，在此，也给读者留下一条有江南气息的小满短信吧：茧老一个闪，麦老一眨眼，季节已经是小满，真诚为你孕个思念茧，祝福为你乘风展翅远……我以小满对联和之：物致小盈犹不满；人臻中道亦升平。

时值芒种，看忙碌之象，你不得不感叹这句话讲得太对了：中国人民是勤劳的人民。既要忙于夏粮收割，又要忙于秋作物播种。因此，他说有春争日，夏争时的夏争时，说的就是当下。记得儿时跟大人放牛，生产还没成熟的麦子，我们扯出一把，就着晾干的燃烧的野草，就是一餐极美野炊。不管什么季节比如黄豆、红薯、板栗等什么的，都可以拿来烧烤。那个味呀，至今嘴有余香。尽管生产队管理极严，但管不住我们饿着的肚子。我根据他论述的理由，得出芒种对联与之呼应：丰收不抢愧春日；播种难得夺夏时。

夏至季节，三耳秀才在文中结尾赋诗一首：阴晴难定六月芒，云烟水磨观气象。冷风南下暖渐强，雨滞江南梅泛黄。黑夜短兮白昼长，杨梅酒里品时光。一年一度空蒙过，诗人心中结丁香。根据三耳秀才分析夏至三候现象，我的夏至对联为：滞雨鸣蝉催半夏；青梅佐酒说长天。

小暑节气，三耳秀才发江南自古税赋重地之感慨：在历史之中，撑起江南税赋重地之名、激活江南文化魅力的，是这块独特的土地、气候以及这块土地上人们别具一格的生生不息。小暑我与三耳秀才对联：梅出趋暑割席草；夏至养阳赏稻花。

大暑时节，三耳秀才感怀：常规变化，人们习以为常。但，变的，不是只有常规的形态，还有新变、突变、大变化、带根本性质的变化。我对之大暑对联：骤雨爽身天有道；太阳耀眼地生金。

从立夏到大暑，夏季六联，次第如下：
立夏：斗指东南人立夏；阳升宇宙气冲天。
小满：物致小盈犹不满；人臻中道亦升平。
芒种：丰收不抢愧春日；播种难得夺夏时。

夏至：滞雨鸣蝉催半夏；青梅佐酒说长天。

小暑：梅出趋暑割席草；夏至养阳赏稻花。

大暑：骤雨爽身天有道；太阳耀眼地生金。

一叶知秋。秋季有立秋、处暑、白露、秋分、寒露和霜降六个节气。

立秋时节，三耳秀才说，秋，在中国，不仅是自然的，也是文化上的。在文化中，中国秋有三个方面的意象。一是丰收的意象，二是忧愁的意象，三是诗意的意争。我的立秋对联：霜凝夜雾成秋白；树绕鸣蝉伴夜红。

处暑还是暑，好似秋老虎。全国各地也都有处暑寒来的谚语，说明夏天的暑气逐渐消退。但天气还未出现真正意义上的秋凉，此时晴天下午的炎热亦不亚于暑夏之季，这也是人们常讲的秋老虎、毒如虎的说法。我拟处暑对联和三耳秀才对话：暑处潜藏秋老虎；泉清倒映艳阳天。

一年之中的二十四个节气，大都各有各的闹人闹心之处，只是到了白露，才是全心全意的好，好到恰到好处。在我们老家，乌桕树叶到了此时，黄的耀眼，红得通透，将梯田装扮得如诗如画。在霜露的夜晚，几个玩伴捉迷藏，不知今夜是何夕。三耳秀才如是感慨白露，我的感慨也来了：风从此夜非常疾；月是故乡格外明。

秋分节气，三耳秀才说，一个低调的，遇到一个高调的。于是大家只听到高调的调了。秋分碰到中秋就是这样的情形。秋分只遵守着自己的职责。于是我的秋分对联：秋风祭月不常雨；素影踏歌难见雷。

三耳秀才说，寒露，是寒来了露出了什么？突然之间，觉得这时节的白天和黑夜，不正恰似一首旧歌所标示的那样：白天不懂夜的黑。说不懂，非天不懂，乃人不懂也。天地有大美而不言。于是我有寒露对联和三耳秀才遥相呼应：寒凝白露宾来雅；菊始黄华暗度香。

霜降开篇，三耳秀才点题，先是一点点地变，一点点积累多了，突然之间来了一个突变。一股寒流一场秋雨。一场秋雨降秋寒。霜降我和他对话：风刀霜剑严相逼；气肃阳凝色愈浓。

从立秋到寒露，秋季六联，次第如下：

立秋：霜凝夜雾成秋白；树绕鸣蝉伴夜红。

处暑：暑处潜藏秋老虎；泉清倒映艳阳天。

白露：风从此夜非常疾；月是故乡格外明。
秋分：秋风祭月不常雨；素影踏歌难见雷。
寒露：寒凝白露宾来雅；菊始黄华暗度香。
霜降：风刀霜剑严相逼；气肃阳凝色愈浓。

冬天到了，春天还会远吗？冬季有立冬、小雪、大雪、冬至、小寒和大寒六个节气。

大自然收拾起春的萌、夏的浓、秋的爽，摇身一变，唱起了一曲更多声部、更多内涵、更多指向的曲调。从此以后，便是冬了。三耳秀才说他的体会分两次。第一次，"我"体会到立冬有立意。但立下什么，欲言无声，一时语塞。第二次，"我"的体会加深，明白立冬立下的是一种美的基调。根据三耳秀才立冬的脉络，我对之曰：昨夜西风能醒骨；今晨残照好登高。

灰蒙蒙兮天欲雪，阴冷冷兮人加衣。老天看似有下雪的样子，确乎没有下雪。三耳秀才如是有"冬天快过去了，雪还没有到来"的名句。那是天气空气湿度和气温不足以下雪的条件所致，于是我有小雪对联与之相呼应：不寒三九难将雪；强忍一冬好放华。

大雪节气，三耳秀才的标题是：太阳当空冬已矣，大风起兮大雪到。今年，太阳从小雪走到大雪，人们并没觉得天气向隆冬迈出了多大的步伐，相反，人们还犯点迷糊：老天是不是走错了方向，怎么越来越暖越来越春天呢？于是他在结尾诗中道：秋尽江南绿未凋，阵阵寒风似刮刀。新陈代谢天地意，大雪时节望雪飘。我从他的文字中搜索到关键点，与之唱和：高空凛凛罡风起；大地霏霏白絮飞。

冬至：进九，夜正长，何物涌动心房。三耳秀才说，数起九来，陆游歌曰：寒家轻过节，身老怯增年。在江南，及至全中国，从古至今，这是一个非常的节日，冬至大如年。我不知道冬至节气大如年，由三耳秀才点醒，才知道每年这个晚上一个同学请我吃饺子一醉方休的缘由。我的冬至对联是：年年至日寒将至；岁岁如期夜正长。

小寒说冷说对称说天道。三耳秀才说，天地有大美，有大美而不言。遗憾的是，我们大多只触及冷暖没有触及天地大美，只见天气不接地气，难见节气。我与三耳秀才对应，曰：雪肥静穆长亭外；冷蕊幽芳古道边。

小病大雪过大寒，收拾心情好过年。三耳秀才在文字中说，去年大寒，

"我"很爽很健康，今年大寒，感冒了难过中。不过，不管上年的热大寒还是今年的雪大寒，面临大寒，我的心情——进而推到大家的心情趋于一致，那便是：收拾心情好过年。我对之曰：岁寒严月唯三友；春暖农时又一年。至此，笔者随着三耳秀才的《跟着太阳走一年》也画了一个圆满，这也算笔者与三耳秀才书信——所谓书即《跟着太阳走一年》，所谓信就是他常来短信微信鼓励——往来还了一个心愿吧！

从立冬到大寒，冬季六联，次第如下：
立冬：昨夜西风能醒骨；今晨残照好登高。
小雪：不寒三九难将雪；强忍一冬好放华。
大雪：高空凛凛罡风起；大地霏霏白絮飞。
冬至：年年至日寒将至；岁岁如期夜正长。
小寒：雪肥静穆长亭外；冷蕊幽芳古道边。
大寒：岁寒严月唯三友；春暖农时又一年。

从立春到大寒是一年，跟着太阳走，与三耳秀才呼应，一节一对联，共话中国节气串联起来的光阴。行文至此，不禁又起兴，于是，作打油诗得句，曰：
三耳生力续前缘，人隔两地文对联。
知冷知暖知节气，跟上太阳走一年。

（《中华楹联报》2017年4月15日
《知冷知暖知节气，跟着太阳走一年——与三耳秀才韩光智对话中国节气》）

◉ 见梅花，长精神 　　　　　　　　　　　　　　　　　　　　　摄影：陈黎明

◉ 冬季的大地 　　　　　　　　　　　　　　　　　　　　　　　摄影：陈黎明

立冬　小雪　大雪　冬至　小寒　大寒　　冬天一闪而过

（四）《跟着太阳走一年》创作杂感

三耳秀才

　　写作江南节气文化随笔《跟着太阳走一年》，应该是，我这个写作者对节气很了解，其实，我自己知道，我真不太了解，就是我写完了二十四个节气，你如果叫我依次把二十四个节气报出名来，我不一定报得全。那，有人一定会问，你写二十四个节气，有什么用呢？

　　先不说用，先说说我写作的两个状态吧。

　　第一个是"走"的状态。在阳光下走，像散步一样，很享受。在书里的题记中，我是这样很文艺地写道："一切都是因为您，太阳呀！仅仅因为您的远和近，我们，被您牵引，从一个节气走向另一个节气。"

　　一天天过日子，你有的是"过日子"的感觉（难免很现实的哟！），你可能没有"走"的感觉。我写节气，一个节气来，过了节就走了，新的节气，接着又来了……我就会调动我的感觉，有时是用我全部的感官似的，来感受、来体悟变化，天气的变化，物候的变化，人们的变化。当你注视一朵花时，是享受的，当你一天去看花一次，天天去，那朵花渐渐舒展开来，就特别"感时花溅泪"，尤其是春天，尤其是桃花源，你真的很享受。如果，在你心里，清楚意识这朵花，是开在节气里、是穿越两个节气，我想，在你我心里，一定会有更鲜美更生动的意义，你的享受，我想会更享受的。大家如果有兴趣，不妨也看看正文后面的附文，就是单篇附文，你也许就能体会出我在"走"——在阳光下走，在光阴里走——的感觉。如果把将《跟着太阳走一年》这本书——包括我们选用的摄影作品——作为一个整体来看待，你也许会发现，我们"走"得如何——是不是有点像散步？！步伐当然不同，有时有点像晚饭后的闲步，有时有点像清晨的快步！

就这样"闲步""快步"散开来，当然写作也在进行中。印象中，大约是节气随笔写到三分之一左右时，某一天某一刻，突然一下，脑子来了一个念头，有了，书名有了。这个书名就是现在大家看到的——《跟着太阳走一年》。这真可谓，日积月累，水到渠成。至今还觉得这个书名不错。

"走"的状态，也包括真"走"的。我，一个很喜欢宅在家里的人，要外出，且一个人外出，真得下番决心的。但为了写作，还真得出走。芒种时，确定了写水稻，于是我利用周末从南站出发，问津河姆渡。且看我在书里是如何写道："一人前往，不受什么干扰，这，倒是蛮符合朝圣的心情——对供养人类的最主要的作物水稻，我们，除了知道'粒粒皆辛苦'外，还是得有点敬畏之情敬畏之举的。"

印象中，还有一处我直接写到"走"的感觉。那是我回到老家河南新县。原文是这样的："一路上，我没有碰到几个人，在上山下山三个小时当中，大多时候，我是一个人，在大自然中，安步当车，悠然。那种体验，有没有禅意，我不敢确定，但，在慢步行进中，我更能感觉到冬的静，冬的简约。很具体很细节很鲜活。"

第二个状态是"学"的状态。在光阴里悟，像学习一样。自然，"学"的状态得心存敬畏。我在题记中这样写道："对中国农村农人来说，节气，是一年当中二十四个自自然然的农事律令。对中国城市市民来说，节气，是阴阳变化乾坤大转移中的一股暗暗流动的底气。体会、领受它们吧！以静静的、安详的、敬畏的姿态。我来自农村，我在城里活着，我不知我是农人还是市民，但我知道一份敬畏在我的文字里。"

写作的人常有这样的经验，文章不断写出来，写得多了，有时会产生肚子里的货被掏空的感觉。选择了二十四节气这个题材，我动笔之前就抱着当"学生"的心态，当然我这个学生，主要靠自修的。买了不少书，学了不少东西。我看书本来就杂，这样更杂了。当然也在网上学。借助网络，学了不少东西，当然也查了不少东西。比如，小麦的历史。通过学习和写作，我知道我们小麦对人类的大致贡献。再比如，历史上江南的由来，由此我也大致知道江南对整个中华文化的贡献。——这，让我在江南的生活更有质感。

"学而不思则罔"。当然，我不会止于"学"的。对于选择二十四个节气作为写作题材的我来说，有一个现实的问题摆在面前：二十四篇文章，你是如何各自立出新意，二十四个"新意"又是如何贯通，形成一个整体的"大意"？有的立意还是比较容易的。比如大寒，最后一个，向往过年，是很自然的。但有些，看似容易，其实很难。比如四个带"立"的节气：立春，立夏，立秋，立冬。大家可以把这四篇连起来，就大致可以推断当时我为此牺牲了多少脑细胞哟！立春，我把立志和励志联在一起，形成文章立意。标题是：立春：看《立春》，体会立春。立夏，我把民间习俗和中国自强的传统连在一起。我立夏的标题是：立夏叮嘱华夏：做个好汉子。立秋，我把秋意和我们心里的文青倾向和小资情调连在一起。立秋的标题是：立秋盼秋，飕飕凉意好发呆。立冬，我把冬的萧瑟和冬天的静美甚至中国人的审美倾向连在一起。我立冬的标题是：立冬：立下天地之美的另一个基调。

我认为，一个好的写作者一定有自己很得意的文字。我不敢说是好的写作者，但我在《跟着太阳走一年》中也有一些自己偏爱的文字。比如：获太阳之指引，得太阳之启示，受太阳之普惠。——三个太阳连用，一下子把太阳突出出来了。过去的人生活在节气里，现在的人生活在天气中。——一节气一天气，一字之差，便把过去的人和现在的人分开了。有点文字游戏的味道，但想想还是有几分歪理的。再比如，大气磅礴，渔樵耕读节气里；荡气回肠，围城蜗居天气中。——这两句像对联似的，把过去和现在暗暗进行对比。荡气回肠，本来也是褒义，但和大气磅礴一比，就有些"弱势群体"了。更有趣的是，这里还可以说用典了。渔樵耕读，围城，蜗居，是不是有点典的意思呢？

最后，还是回到写二十四节气有什么用上面吧！真没有什么可说的，为了HOLD住，还是拉个名人来。这个名人是这样说的：此中有真意，欲辩已忘言。

（以《跟着太阳体悟24节气》为题发表于《博览群书》2012年第九期）

中国年轮

大寒转立春瞬间失从容，
立春到大寒一年得圆满。